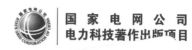

国家出版基金项目
NATIONAL PUBLICATION FOUNDATION

KEY TECHNOLOGY AND APPLICATIO
POWER TRANSMISSION AND TRANSFORMATIO        MENT

# 输变电装备关键技术与应用丛书

# 避 雷 器

主　编 ◉ 吕怀发

副主编 ◉ 谢清云

参　编 ◉ 何计谋　祝嘉喜　张宏涛　李　婷

中国电力出版社
CHINA ELECTRIC POWER PRESS

## 内 容 提 要

本书根据避雷器新技术和新标准，简明扼要地介绍了避雷器的发展历程，重点讲解了金属氧化物避雷器的工作原理及典型技术参数，金属氧化物非线性电阻，金属氧化物避雷器的结构及关键性能，避雷器用空心绝缘子，金属氧化物避雷器试验，金属氧化物避雷器选型，金属氧化物避雷器的安装、在线监测、维护及故障处理等内容。

本书可供从事电力系统设计、运行维护的技术人员参考，也可供从事避雷器研究、设计、制造的工程技术人员以及高等院校相关专业的师生参考。

**图书在版编目（CIP）数据**

避雷器 / 吕怀发主编. —北京：中国电力出版社，2021.6
（输变电装备关键技术与应用丛书）
ISBN 978-7-5198-5409-6

Ⅰ. ①避… Ⅱ. ①吕… Ⅲ. ①避雷器 Ⅳ. ①TM862

中国版本图书馆 CIP 数据核字（2021）第 035483 号

出版发行：中国电力出版社
地　　址：北京市东城区北京站西街 19 号（邮政编码 100005）
网　　址：http://www.cepp.sgcc.com.cn
责任编辑：周　娟　马淑范　杨　扬　杨淑玲（010-63412602）
责任校对：黄　蓓　马　宁
装帧设计：王红柳
责任印制：杨晓东

印　　刷：北京盛通印刷股份有限公司
版　　次：2021 年 6 月第一版
印　　次：2021 年 6 月北京第一次印刷
开　　本：787 毫米×1092 毫米　16 开本
印　　张：11.75
字　　数：280 千字
定　　价：80.00 元

# 总　序

　　电力装备制造业是保持国民经济持续健康发展和实现能源安全稳定供给的基础产业，其生产的电力设备包括发电设备、输变电设备和供配用电设备。经过改革开放 40 多年的发展，我国电力装备制造业取得了巨大的成就，发生了极为可喜的变化，形成了门类齐全、配套完备、具有相当先进技术水平的产业体系。我国已成为名副其实的电力装备大国，电力装备的规模和产品质量已迈入世界先进行列。

　　我国电力建设在 20 世纪 50～70 年代经历了小机组、小容量、小电网时代，80 年代后期开始经历了大机组、大容量、大电网时代。21 世纪开始进入以特高压交直流输电为骨干网架，实现远距离输电，区域电网互联，各级电压、电网协调发展的坚强智能电网时代。按照党的十九大报告提出的构建清洁、低碳、安全、高效的能源体系精神，我国已经开始进入新一代电力系统与能源互联网时代。

　　未来的电力建设，将伴随着可再生能源发电、核电等清洁能源发电的快速发展而发展，分布式发电系统也将大力发展。提高新能源发电比重，是实现我国能源转型最重要的举措。未来的电力建设，将推动新一轮城市和乡村电网改造，将全面实施城市和乡村电气化提升工程，以适应清洁能源的发展需求。

　　输变电装备是实现电能传输、转换及保护电力系统安全、可靠、稳定运行的设备。近年来，通过实施创新驱动战略，已建立了完整的研发、设计、制造、试验、检测和认证体系，重点研发生产制造了远距离 1000kV 特高压交流输电成套设备、±800kV 和 ±1100kV 特高压直流输电成套设备，以及 ±200kV 及以上柔性直流输电成套设备。

　　为了充分展示改革开放 40 多年以来我国输变电装备领域取得的许多创新成果，中国电力出版社与中国电工技术学会组织全国输变电装备制造产业及相关科研院所、高等院校百余位专家、学者，精心谋划、共同编写了"输变电装备关键技术与应用丛书"（简称"丛书"），旨在全面展示我国输变电装备制造领域在"市场导向，民族品牌，重点突破，引领行业"的科技发展方针指导下所取得的创新成果，进一步加快我国输变电装备制造业转型升级。

"丛书"由中国西电集团有限公司、南瑞集团有限公司、许继集团有限公司、中国电力科学研究院等国内知名企业、研究单位的100多位行业技术领军人物和行业专家共同参与编写和审稿。"丛书"编写注重创新性和实用性，作者们努力编写出一套我国输变电制造和应用领域中高水平的技术丛书。

"丛书"紧密围绕国家重大技术装备工程项目，涵盖了一度为国外垄断的特高压输电及终端用户供配电设备关键技术及应用，以及我国自主研制的具有世界先进水平的特高压交直流输变电成套设备的核心关键技术及应用等内容。"丛书"共10个分册，包括《变压器 电抗器》《高压开关设备》《避雷器》《互感器 电力电容器》《高压电缆及附件》《换流阀及控制保护》《变电站自动化技术与应用》《电网继电保护技术与应用》《电力信息通信技术与应用》《现代电网调度控制技术》。

"丛书"以输变电工程应用的设备和技术为主线，包括产品结构性能、关键技术、试验技术、安装调试技术、运行维护技术、在线检测技术、故障诊断技术、事故处理技术等，突出新技术、新材料、新工艺的技术创新成果。主要为从事输变电工程的相关科研设计、技术咨询、试验、运行维护、检修等单位的工程技术人员、管理人员提供实际应用参考。

周鹤良

2020 年 12 月

# 前　言

避雷器是电力系统绝缘配合的基础。近 30 年来，经过我国科技人员的努力，金属氧化物避雷器的核心元件——金属氧化物非线性电阻的性能有了很大提高，避雷器的结构设计也有较大变化，我国的避雷器的制造技术、试验技术，特别是交直流特高压避雷器的技术已达到国际先进水平。

本书依据新技术、新标准，深入浅出、简明扼要地介绍了避雷器的技术发展历程及行业发展动向，重点介绍了金属氧化物避雷器的基本结构及关键性能、试验和选型、安装与运维等内容。

本书由吕怀发任主编，谢清云任副主编，全书由吕怀发统稿。共分 8 章，第 1 章概述了避雷器的发展历程、我国避雷器发展的里程碑以及避雷器行业发展的动态，由祝嘉喜、谢清云编写；第 2 章介绍了金属氧化物避雷器的原理和功能、产品型号组成及典型技术参数，由祝嘉喜编写；第 3 章介绍了金属氧化物非线性电阻的显微结构与非线性特性，由谢清云编写；第 4 章介绍了金属氧化物避雷器的结构及关键性能，由张宏涛、谢清云、祝嘉喜编写；第 5 章简要介绍了避雷器用空心瓷绝缘子和空心复合绝缘子，由谢清云、李婷编写；第 6 章介绍了金属氧化物避雷器的试验，由祝嘉喜编写；第 7 章介绍了金属氧化物避雷器的选型，由何计谋编写；第 8 章介绍了金属氧化物避雷器的安装、在线监测、维护及故障处理，由祝嘉喜、谢清云编写。本书可供从事电力系统设计、运行维护的技术人员参考，也可供从事避雷器研究、设计、制造的工程技术人员以及高等院校相关专业的师生参考。

在编写的最后阶段，本书主编西电集团首席科学家吕怀发同志不幸逝世，在此表示沉痛的哀悼。

编　者

2021 年 1 月

# 目　　录

# 第1章 概　　论

避雷器是电力系统重要的过电压保护设备，亦是电力系统绝缘配合的基础。其运行性能的优劣不但对电气设备安全运行起着重大的作用，而且对电力系统建设和运行的经济效益有显著影响，对超、特高压输电网尤为明显。

早期的电力系统，系统标称电压或额定电压较低，操作过电压幅值相对较低，电气设备的绝缘水平足以承受操作过电压的作用；而幅值在几十到几百千伏的雷电过电压是系统绝缘（电气设备）的主要威胁，其幅值必须予以限制，由此诞生了避雷器（lightning arrester）。顾名思义，避雷器最初的功能就是限制雷电过电压。随着系统标称电压的提高和超高压的出现，操作过电压可以达到几百千伏甚至更高的数值，且持续时间相对较长，成为电气设备的主要威胁。为了保证电力系统安全运行，降低电力系统建设的投资和提高运行的综合效益，理论研究与长期运行经验均表明除了在运行方式和断路器设计方面采取一定的措施之外，还必须用避雷器来限制操作过电压。为此，发展了具有吸收较大能量，并能够有效地限制切、合空载长线等引起的操作过电压的磁吹避雷器。磁吹避雷器的出现还给中、高压电气设备增加了保护裕度，减少了系统中的过电压事故。

自20世纪70年代以来，各国对用氧化锌为主要成分制造的金属氧化物避雷器（又称氧化锌避雷器）进行了大量的研究工作。这种新型避雷器具有优异的非线性特性和良好的通流能力，给被保护设备提供更优的保护水平和更大的保护裕度，对超特高压系统的发展意义尤为重大。

现代的避雷器在运行中实际担负着限制雷电过电压和操作过电压的双重任务，因此有些国家改称之为限压器或浪涌限制器（surge arrester），这些名称更符合它们的实际功用。我国现在仍称之为避雷器，这只是沿袭习惯称呼而已。

我国的避雷器制造业是新中国成立初期在苏联援建的基础上建立和发展起来的。特别是20世纪80年代机械工业部组织"两厂一所"（西安高压电瓷厂、抚顺电瓷厂、西安电瓷研究所）引进、消化、吸收了原日立公司的氧化锌电阻片技术，极大地促进了我国避雷器的创新和发展。经过几十年的积淀，我国避雷器的制造能力、工艺水平、科技实力等均得到长足发展，进入世界避雷器制造的先进行列。现在，我国不但能够研制和生产各种电压等级的避雷器，而且近年来还成功地研制并批量生产了交流1000kV及直流±1100kV特高压交直流避雷器。同时，在金属氧化物避雷器的研究方面也取得了可喜的成果，许多避雷器产品已经达到国际领先水平。可以预言，今后随着我国电力建设的不断发展，避雷器制造水平将会有进一步提高，从而促进我国乃至世界电力系统建设和运行的安全可靠性水平进一步提高。

# 1.1 避雷器发展历程

避雷器的发展是随着电力系统的不断发展而发展，新材料、新工艺及新结构等的不断涌现，逐步改进提高而发展的历史。避雷器的发展主要经历以下四个阶段：简单的放电间隙、带间隙阀型碳化硅避雷器（简称阀型避雷器）、磁吹间隙阀型碳化硅避雷器（简称磁吹避雷器）和无间隙金属氧化物避雷器。现阶段某些特殊场合应用的带间隙金属氧化物避雷器属最后一类避雷器的派生产品，采用氧化锌（ZnO）非线性电阻。每一种避雷器的应用对整个电力系统设备的保护水平和成本有着重要的影响。电力系统需要防雷保护，促进了避雷器的发展，从简单的放电间隙发展到当今的金属氧化物，经历了一个多世纪。

1. 简单的放电间隙

当雷击中架空输电线路时，雷电波沿着导线侵入变电站，在变电设备上产生高于绝缘水平的过电压，为防止过电压损坏设备绝缘，人为地在变电设备间制造一个弱绝缘，将雷电波泄放入地，典型的放电间隙如图 1−1 所示。至今，人们还在一些地方应用放电间隙，但是结构在不断地改进。放电间隙存在的问题是不能自动熄灭工频续流电弧。在限制过电压和自动熄灭电弧这两方面，一直在不懈努力地改进。

2. 带间隙阀型避雷器

1907 年，美国通用电气公司开发了一种电解避雷器，如图 1−2 所示。

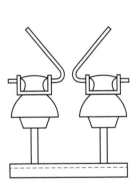

图 1−1　典型的放电间隙

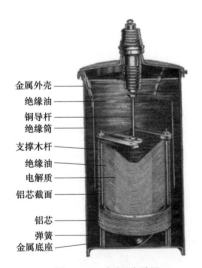

金属外壳
绝缘油
铜导杆
绝缘筒
支撑木杆
绝缘油
电解质
铝芯截面
铝芯
弹簧
金属底座

图 1−2　电解避雷器

设计工程师埃尔默·克赖顿在纽约举行的美国电机工程学会冬季电力会议上发表了一篇有关电解避雷器的论文，该论文被此次会议命名为避雷器设计的新原则。在该会议之前，用于保护高电压系统（电压 35kV 及以下）的唯一方法是加装放电间隙。

电解避雷器在那个时期虽然是变革性的，但是它依然存在一些弊端。首先，避雷器的体积很大，直立高度大于 1.83m。其次，它需要每天维护，在稳定状态下，电流损耗是 5A。

直到 1915 年，美国通用电气公司设计出了另一种类型的丸形氧化物避雷器（见图 1-3），这种避雷器应用于较低电压系统。丸形氧化物避雷器带有瓷外套，内部没有填充液体，不需要每天维护。

1926 年，约翰·罗伯特·麦克法林研发了一种新型材料，他归纳这种材料为"碳化硅系列中限制传导性和相对低电阻的固态耐火材料"。他继续指出"材料的这些性能极大地提高了避雷器的有效性、持久性和稳定性"。从此，碳化硅避雷器（SiC）开始被应用，如图 1-4 所示。这种避雷器一直生产到 20 世纪 80 年代末。

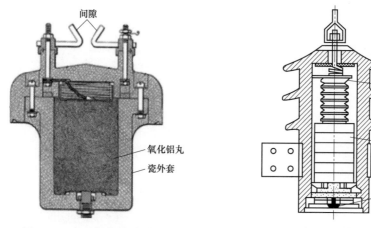

图 1-3　丸形氧化物避雷器　　　　　　图 1-4　阀型碳化硅避雷器

阀型碳化硅避雷器与放电间隙相比，具有许多优点，但保护水平仍然较高（限制过电压的能力低），且通流能力有限，主要用于限制雷电过电压，不能限制操作过电压。

3. 磁吹间隙阀型碳化硅避雷器

由于限制操作过电压的需要，出现了带有磁吹间隙阀型碳化硅避雷器，简称磁吹避雷器（见图 1-5）。这种避雷器应用到 20 世纪 90 年代，直到无间隙金属氧化物避雷器出现，才终结历史。

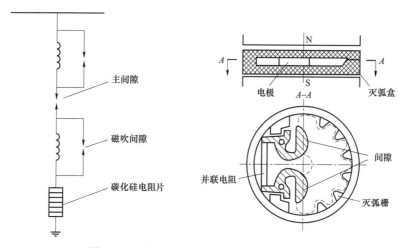

图 1-5　磁吹避雷器原理及间隙结构示意图

磁吹避雷器采用了灭弧能力更强的磁吹间隙（也称为限流间隙）。这种间隙利用流过避雷器自身的电流，在间隙磁场中形成的电动力，迫使间隙中的电弧加快运动、延伸，使间隙的去游离作用增强，因此，其单个间隙的熄弧能力较强，能在较高的恢复电压下切断较大的工频续流，故串联的间隙和碳化硅电阻片的数目都较少，从而降低了冲击放电电压和残压，保护性能比阀型避雷器好。

磁吹避雷器保护性能好，应用于交、直流系统，保护发电、变电设备的绝缘。

4. 无间隙金属氧化物避雷器

随着电力系统电压等级的不断提高，特别是超高压的出现，输电距离增加，导致避雷器在线路放电时吸收的能量增加，碳化硅避雷器的劣势愈加明显。其保护水平高、吸收能量能力有限、结构复杂、可靠性低等，使电力系统的发展、安全运行和经济效益受到影响。因此，为了降低系统设备绝缘水平和提高系统输电能力，必须设法降低避雷器保护水平和提高其通流能力。

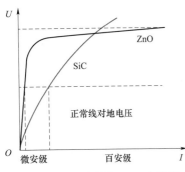

图 1-6　SiC 电阻和 ZnO 电阻的
非线性 $U$-$I$ 特性对比

在 20 世纪 60 年代末氧化锌电阻材料优异的非线性 $U$-$I$ 特性被发现。1967—1977 年，压敏电阻避雷器的保护性能得到重大改进。图 1-6 所示为 SiC 电阻和 ZnO 电阻的非线性 $U$-$I$ 特性对比。

氧化锌压敏电阻在低电压下呈现高阻抗，高电压下呈现低阻抗的非线性特性，使得研制无串联间隙避雷器成为可能。第一台电力系统用无间隙金属氧化物避雷器在 20 世纪 70 年代研制成功。其主要特点是无间隙及良好的非线性 $U$-$I$ 特性。

与阀型避雷器相比，无间隙金属氧化物避雷器具有下述优点：

（1）结构简单。适合规模化生产，尺寸小，重量轻，造价低。

（2）保护性能优异。由于 ZnO 电阻片具有优异的伏安特性，残压更低。在整个过电压作用期间均能释放能量，没有火花间隙，所以不存在放电时延，具有很好的陡波响应特性，特别适用于 GIS 气体绝缘变电站、直流系统的保护。

（3）耐受重复冲击电流的能力强。

（4）通流容量大。ZnO 电阻片单位面积的通流能力为 SiC 电阻片的 4～5 倍，也可用于内部过电压的保护。

（5）耐污性能好。由于没有串联间隙，因而可避免因瓷套表面不均匀污秽使串联火花间隙放电电压不稳定的问题，易于制造防污型和带电清洗型避雷器。

相同电压等级碳化硅避雷器和金属氧化物避雷器的外形对比如图 1-7 所示。

20 世纪 80 年代后期，金属氧化物避雷器逐渐在电力系统大量应用。不但有瓷外套避雷器，而且在某些应用场所，为了克服其重量重、体积大、耐污性能相对差等缺点，又发展了复合（有机材料）外套避雷器，以及用于 GIS 组合电器保护的气体绝缘金属封闭避雷器（简称 GIS 避雷器）。尤其在改革开放后，我国交直流电力系统得到迅猛发展，特高压交直流输电

图 1-7 相同电压等级碳化硅避雷器和金属氧化物避雷器的外形对比

系统走在世界前列，避雷器的发展也为此做出了一定的贡献。现在金属氧化物避雷器的性能、种类亦非 20 世纪 80 年代可比，电压等级已覆盖了 1kV 以下低压（LV）、1～52kV 中压（MV）、52～245kV 高压（HV）、245～800kV 超高压（EHV），直至 1000kV 特高压（UHV）交流输变电系统，覆盖了 ±1100kV 及以下直流输变电系统。金属氧化物避雷器的种类已形成瓷外套、复合外套和金属外套三大系列以及油中使用等特殊形式避雷器。应用领域已覆盖电力系统以及轨道交通、风电场、核电站、通信系统。

相同电压等级的瓷外套避雷器和复合外套避雷器的外形对比如图 1-8 所示。

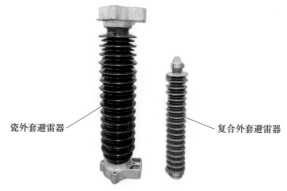

图 1-8 相同电压等级的瓷外套避雷器和复合外套避雷器的外形对比

本书着重介绍和讨论金属氧化物避雷器。在电力系统中，目前商业化生产和应用的金属氧化物避雷器主要是氧化锌避雷器。

5. 我国避雷器发展的里程碑

1958 年研制出国内首台碳化硅避雷器。

1982 年西安电瓷研究所为 ±100kV 舟山直流工程提供碳化硅直流避雷器。

20 世纪 80 年代以西安电瓷研究所、西安电瓷厂、抚顺电瓷厂为代表的避雷器科研、制造单位从日本引进氧化锌避雷器技术。

1985 年研制出国内首台无间隙氧化锌避雷器。

1990 年研制出国内首台直流无间隙氧化锌避雷器。

1992 年研制出复合外套避雷器。

1998 年西安电瓷研究所研发的 500kV 复合外套避雷器挂网运行。

2008 年 1000kV 特高压交流避雷器挂网运行。

2010 年研制出 1000kV 特高压交流 GIS 避雷器。

2018 年昌吉—古泉±1100kV 特高压直流输电工程直流避雷器挂网运行。

## 1.2 避雷器发展动向

氧化锌避雷器经过 50 余年的发展，已完全取代了 SiC 避雷器，并趋于成熟。尽管还有其他类型的压敏材料，如 $SnO_2$、$TiO_2$ 等，但从它们所具有的特性来看，与氧化锌压敏材料相比还有较大的差距，在输变电线路中还不大可能取代氧化锌压敏材料。

我国交直流特高压发展已进入常态，已完成特高压技术突破，特高压避雷器也已大规模应用。因此，以氧化锌压敏核心元件为基础的现代避雷器，不会在短期内有革命性的变化，本节就避雷器的发展动向进行简要介绍。

1. 避雷器核心元件及工艺发展动向

金属氧化物避雷器的核心元件是以 $ZnO-Bi_2O_3-Sb_2O_3$ 三元系统为基础，添加其他添加物，以陶瓷材料制造方法制造的氧化锌非线性电阻片（在本书第 3 章有较详细的描述）。其发展的永恒主题是提高电阻片单位体积吸收能量和梯度，以提高保护特性，降低残压水平。

提高电阻片单位体积吸收能量和梯度是以更好的温度特性为前提，降低避雷器的残压水平还需要提高电阻片的荷电能力，提升电阻片的老化特性。目前，电阻片能量耐受能力通常在 $200\sim300J/cm^3$（2ms 方波耐受），梯度一般在 $200\sim250V/mm$，高梯度在 $300\sim400V/mm$，最高已达 $600V/mm$。避雷器设计荷电率一般为 $70\%\sim85\%$，最高达 $95\%$。

高压氧化锌压敏电阻材料配方主要有三个体系：$ZnO-Bi_2O_3-Sb_2O_3$ 含 $SiO_2$、$Cr_2O_3$、$MnO_2$、$Co_2O_3$ 系统；$ZnO-Bi_2O_3-Sb_2O_3$ 含 $Ni_2O_3$、$MnO_2$、$Co_2O_3$ 系统；$ZnO-Bi_2O_3-Sb_2O_3$ 含 $SiO_2$、$Cr_2O_3$、$MnO_2$、$Co_2O_3$、$Ni_2O_3$ 系统。高压氧化锌压敏电阻材料配方的研究方向是得到更好的电气性能，提高添加物效率，降低添加物用量。

在电阻片的开发和研究方面，材料仿真技术已开始应用，用 Voronoi 网格模型对 ZnO 避雷器阀片的微观结构进行模拟，仿真计算微观电气参数，如氧化锌晶粒尺寸大小、氧化锌晶粒电阻率、晶界层势垒的表面态密度、施主密度，对电压梯度、非线性系数、漏电流、残压比、能量吸收密度等电气参数的影响。图 1-9 为仿真计算不同晶粒尺寸的电流分布图形，仿真图中颜色的深浅代表了流过模拟氧化锌晶粒的电流与该电阻片中流过的电流最大值的比值，最大值用黑色表示。

电阻片制造工艺技术的发展方向，首先是生产线的自动化和数字化，目前我国电阻片主要生产厂家，如西安西电避雷器有限责任公司，正加速电阻片制造的自动化和数字化升级，预计近期会赶上国外先进企业。其次是基于自动化的精确控制，全面用机器取代人工，提高

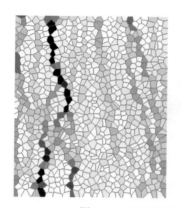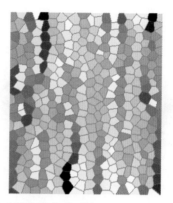

图1-9　不同晶粒尺寸的电流分布对比

电阻片的一致性。

图1-10所示为电阻片自动成型生产线，该生产线对每片电阻片刻制二维码，去飞边，对密度、厚度进行测量和控制，集成高阻层精密涂覆技术，涂覆的高阻层均匀一致，每片的涂覆重量偏差可控制在0.1g以内。

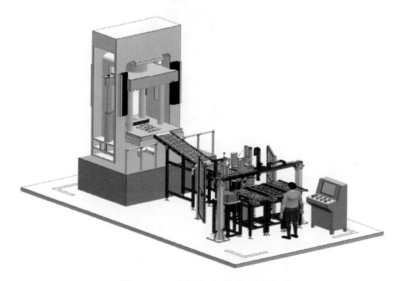

图1-10　电阻片自动成型生产线

图1-11是电阻片磨片、清洗干燥生产线，采用激光清洗等非传统技术，可以大幅度提高电阻片端面清洁度和活化电阻片端面，并提高铝电极层与电阻片的附着力。

图1-12是电阻片自动测试生产线的分拣码垛工序，可以完全取代人工，将每片电阻片的参数存入数据库，自动统计电阻片的质量数据和参数分布。

图1-13是35kV及10kV复合避雷器自动装配测试生产线的数字化控制示意图，该生产线实现对每件零部件和每片电阻片进行跟踪和追溯，对人、机、料、发、环、测实施实时监控。

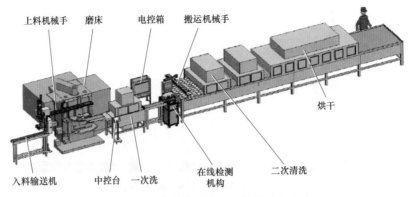

图 1-11 电阻片磨片、清洗干燥生产线

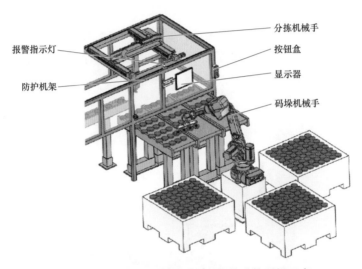

图 1-12 电阻片自动测试生产线的分拣码垛工序

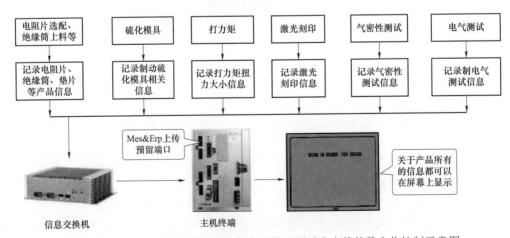

图 1-13 35kV 及 10kV 复合避雷器自动装配测试生产线的数字化控制示意图

**2. 避雷器产品发展动向**

为了满足不同的用途和性能要求，避雷器的种类也有了很多变化。其中微压敏电阻（micro-varistor）尽管不属于避雷器，但与避雷器行业关系密切，本书也进行了简单介绍。

避雷器与其他高压电器的集成。避雷器与被保护电器间的安装距离越近越好，除了保护效果好以外，主要优势是减小了空间占用、元件数量、材料和制造成本、安装运输工作量。对于空气绝缘的高压电站，还节约土地占用，如兼做支柱用 1000kV 交流特高压瓷外套避雷器的应用。

（1）集成化避雷器。为了满足不同场合的集成，出现了许多种集成化的避雷器，使高压电气装置具备了多个主要的功能，大体上可分为以下几种。

1）与支撑绝缘子集成，如支柱绝缘子或悬挂绝缘子集成，采用传统设计避雷器，但应用了避雷器外套的机械性能或在原来只用机械性能的绝缘子场所集成了避雷器的保护性能，如图 1-14 所示。

2）与套管、电缆头或接头集成。

3）与隔离开关集成，金属氧化物电阻片与操作部件共用瓷外套，如图 1-15 所示。

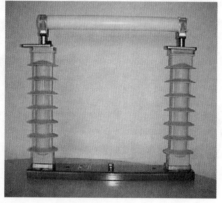

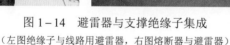

图 1-14　避雷器与支撑绝缘子集成　　　　　图 1-15　避雷器与隔离
（左图绝缘子与线路用避雷器，右图熔断器与避雷器）　　　　　开关集成

4）与 GIS 和变压器、电抗器集成，如图 1-16 所示，采用了插拔式避雷器，还有直接组装在变压器内部的油中避雷器。

（2）微型压敏电阻材料。此外，采用微型压敏电阻材料或其与有机复合的压敏材料，如图 1-17 所示。利用该材料的非线性压敏和非线性介电特性，设计出新型电场均化绝缘结构，利用其电场强度越高，电导率和介电常数越高；电场强度越低，电导率和介电常数越低的非线性特性，可实时自动调节电场，使均压结构简单化、小型化，使用中可随外部条件（如污秽和湿度）的变化而调节，添加微压敏球复合材料的非线性压敏和非线性介电特性如图 1-18 所示。

微压敏电阻复合材料套及 110kV 电缆头如图 1-19 所示。涂覆环氧微压敏电阻的小型化出线套管与传统套管的对比如图 1-20 所示，在 FRP 管上局部涂一层 micro-varitor 与环氧树脂复合物后，生产的出线套管直径明显比传统套管细。

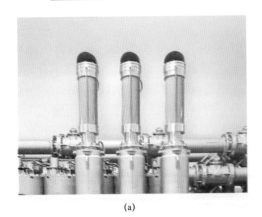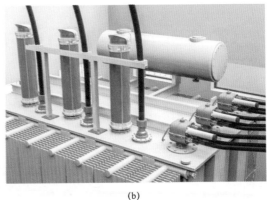

(a)　　　　　　　　　　　(b)

图 1-16　避雷器与 GIS 和变压器、电抗器集成

（a）145kV 插拔式避雷器与 GIS 集成；（b）145kV 插拔式避雷器与变压器集成

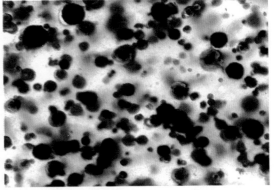

图 1-17　微型压敏电阻（Micro-Varristor 左）与其复合的压敏材料（右）

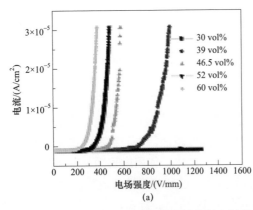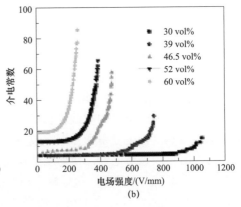

(a)　　　　　　　　　　　(b)

图 1-18　添加微压敏球复合材料的非线性压敏和非线性介电特性

(a)　　　　　　　　　　　　(b)

图 1－19　微压敏电阻复合材料套及 110kV 电缆头

（a）微压敏电阻复合材料套；（b）应用微压敏电阻技术的 110kV 电缆头

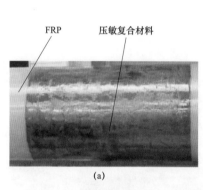

(a)　　　　　　　　　　　　(b)

图 1－20　涂覆环氧微压敏电阻的小型化出线套管与传统套管的对比

（a）涂覆环氧微压敏电阻的 FRP 管；（b）采用微压敏电阻的小型化出线套管与传统套管的对比

（3）可控避雷器。为了降低避雷器残压，提高避雷器保护特性，在并联间隙金属氧化物避雷器的原理基础上，开发了可控避雷器，其原理如图 1－21 所示。在过电压产生时，可控避雷器控制系统收到触发指令，快速开关 K 合闸（K 也可以是触发可控间隙或晶闸管），MOA2 短路，通过固定部分（MOA1）消耗盈余功率抑制模块过压，实现稳态下低荷电率和暂态下低残压。快速开关 SBP 为应对单次吸能后短时间再次故障、交流系统故障后主保护拒动等工况下可控避雷器能量超限，采用快速开关 SBP 旁路可控避雷器（MOA1＋MOA2）。

（4）多腔室避雷器。多腔室避雷器（multi-chamber surge arrester，MCSA），不属于金属氧化物避雷器，其工作原理类似于管型避雷

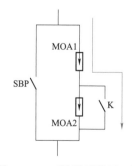

图 1－21　可控避雷器原理图

11

器（排气式避雷器，排气间隙），如图 1-22 所示，采用电弧淬冷多腔室系统（arc quenching multi-chamber system，MCS）灭弧。该避雷器基于多个腔室（间隙腔）系统组成，由相当数目的钢珠型电极安装在一个玻璃钢外包硅橡胶的支架上或通过硅橡胶柔性连接，组成多个间隙串联，当雷电过电压致使多腔室避雷器闪络并形成电弧时，单方向开口的腔室内由于电弧燃烧形成高温高压气体，促使电弧向腔室外喷出，电弧淬冷；多腔室结构将电弧切割成若干段短弧，利用短弧的近极区压降叠加提高介质恢复强度，电弧第一次自然过零熄灭后不会发生重燃，燃弧时有续流，最大灭弧时间为 10ms。一般分为多腔室避雷器（MCSA）和多腔室绝缘子避雷器（multi-chamber insulator arrester，MCIA）两类，如图 1-23 所示，用于线路保护，最高用于 500kV 系统。

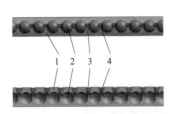

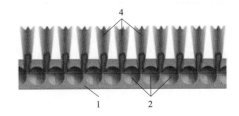

图 1-22　多腔室避雷器原理

1—硅橡胶；2—钢珠电极；3—电弧室；4—放电通道

(a)　　　　　　　　　　　　　　(b)

图 1-23　两类多腔室避雷器

（a）多腔室避雷器；（b）多腔室绝缘子避雷器

# 第 2 章　金属氧化物避雷器的工作原理及典型技术参数

金属氧化物避雷器（以下简称为避雷器）是电力系统绝缘配合的基础，广泛地应用在电力系统电气设备的过电压保护中，在电力系统中由于雷电、开关操作、接地故障等原因可能出现过电压，为避免电气设备受到过电压的损害，在变电站进线处、重要设备旁及易击杆塔都需加装避雷器。本章介绍了避雷器的功能和工作原理。本章所列的典型技术参数是目前国家标准中推荐的典型技术参数，具体避雷器参数的计算和选择方法见第 7 章金属氧化物避雷器的选型。

## 2.1　金属氧化物避雷器的功能和工作原理

### 2.1.1　避雷器的功能

避雷器是用来保护电气设备免受瞬态过电压危害的一种重要电气设备。避雷器通常连接在被保护设备两端。电气设备在运行中除承受工作电压外，还会遭受过电压的作用。这些过电压主要为雷电引起的雷电过电压，系统操作引起的操作过电压和甩负荷、投切长线及不对称接地等引起的暂时过电压等。这些过电压对电气设备的可靠安全运行构成严重威胁。过电压将损害电气设备的绝缘，甚至使电力系统出现停电事故。因此，必须采取各种措施来限制过电压，避雷器是普遍采用的最主要的保护设备。

### 2.1.2　避雷器的工作原理

过电压对电气设备的绝缘会造成极大的危害，因此，必须将它们限制在安全以及电气设备能够承受的范围内。这种过电压可能是输电线附近雷电活动引起的感应过电压，也可能是由于系统中运行方式的改变以及电气设备投入或退出运行等操作引起的操作过电压。

为了释放过电压的能量，需要在导线与大地之间接上避雷器。早期的避雷器，比如碳化硅避雷器，其工作原理是：正常情况下，它处于截止状态；而在过电压超过避雷器放电电压后避雷器间隙击穿导通，限制了过电压的幅值，雷电流泄入大地后，利用碳化硅电阻片的非线性切断工频续流，避雷器恢复绝缘状态。碳化硅避雷器的工作过程分为限压、熄弧和恢复三个步骤。

无间隙金属氧化物避雷器的限压作用是靠氧化锌电阻片来实现的。利用氧化锌电阻片优异的伏安特性,在工作电压下,漏电流只有毫安数量级,而且基本上是容性分量,接近绝缘状态。在过电压发生时,避雷器电阻变小,释放能量,能量释放之后电阻片又恢复到最初的高阻状态。金属氧化物避雷器工作过程分为限压和恢复两个步骤。

## 2.2 金属氧化物避雷器产品型号组成

避雷器产品型号由产品形式、标称放电电流、结构特征、使用场所、设计序号、特征数字、附加特征代号等的汉语拼音字母或阿拉伯数字组成。产品型号某一位没有相应内容时,则不标注,也不留空位。如果出现多种附加特征代号时,按照上述代号出现的先后顺序编排。

1. 金属氧化物避雷器

(1)交流金属氧化物避雷器的型号结构为

$$\boxed{①}\ \boxed{②}\ \boxed{③}\ \boxed{④}\ \boxed{⑤} - \boxed{⑥} / \boxed{⑦}\ \boxed{⑧}$$

其中,各个代号代表的含义如下:①为产品形式;②为标称放电电流;③为结构特征;④为使用场所;⑤为设计序号;⑥为避雷器额定电压;⑦为标称放电电流下的残压;⑧为附加特征。

1)产品形式:交流金属氧化物避雷器的"产品形式"代号由一个或两个字母组成,即:

Y——交流系统用瓷外套金属氧化物避雷器;

YH——交流系统用复合外套金属氧化物避雷器。

2)标称放电电流:表示交流金属氧化物避雷器的标称放电电流,其单位为千安(kA)。当产品无标称放电电流而只有操作放电电流要求时,则表示操作放电电流,但必须与残压值相对应。

3)结构特征:

W——无间隙;

C——有串联间隙;

B——有并联间隙。

4)使用场所:

S——适用于配电;

Z——适用于变电站;

R——适用于保护电容器组;

X——适用于输电线路;

D——适用于旋转电机;

N——适用于变压器(或旋转电机)的中性点;

F——适用于气体绝缘金属封闭开关设备;

B——适用于阻波器;

T——适用于电气化铁道；

A——适用于换流站交流母线；

FA——适用于换流站交流滤波器。

5）设计序号：产品的设计序号。

6）特征数字：交流金属氧化物避雷器特征数字由⑥和⑦两部分组成，在斜线左方为避雷器的额定电压（单位为 kV），斜线右方为避雷器标称放电电流下的残压（单位为 kV）。

7）附加特征：

TL——避雷器附带脱离器；

F——带电插拔避雷器；

P——不带电插拔避雷器；

K——线路用避雷器串联间隙为纯空气间隙；

J——线路用避雷器串联间隙为绝缘子支撑空气间隙；

YJ——液浸式；

W——重污秽地区；

G——高海拔地区，指海拔超过 1000m 地区；

T——湿热带地区；

Z——避雷器具有抗震能力，指地震烈度 7 度以上地区；

S——三相气体绝缘金属封闭无间隙金属氧化物避雷器（GIS 避雷器）（单相不用字母表示）。

（2）直流金属氧化物避雷器的型号结构为

$$ ①　②　③　④　⑤ - ⑥ / ⑦　⑧ $$

其中，各个代号代表的含义如下：①为产品形式；②为雷电冲击配合电流；③为结构特征；④为使用场所；⑤为设计序号；⑥为避雷器额定电压；⑦为标称放电电流下的残压；⑧为附加特征。

1）产品形式：直流金属氧化物避雷器的"产品形式"代号由两个或三个字母组成，即：

LY——直流系统用瓷外套金属氧化物避雷器；

LYH——直流系统用复合外套金属氧化物避雷器。

2）雷电冲击配合电流：表示直流金属氧化物避雷器的雷电冲击配合电流，其单位为千安（kA）。

3）结构特征：

W——无间隙；

C——有串联间隙。

4）使用场所：

G——适用于直流牵引电机及直流电气设备；

B——适用于换流站换流桥；

C——适用于换流站换流器；

CB——适用于换流站换流器直流母线；

DB——适用于换流站直流母线；

DL——适用于换流站直流线路；

DR——适用于换流站平波电抗器；

E——适用于换流站中性母线；

FD——适用于换流站直流滤波器；

M——适用于换流站直流中点母线；

V——适用于换流站阀。

5）设计序号：产品的设计序号。

6）特征数字：直流金属氧化物避雷器特征数字由⑥和⑦两部分组成，在斜线左方为避雷器的额定电压（单位为 kV），斜线右方为避雷器雷电冲击配合电流下的残压值（单位为 kV）。

7）附加特征：

TL——避雷器附带脱离器；

W——重污秽地区；

G——高海拔地区，指海拔超过 1000m 地区；

T——湿热带地区；

Z——避雷器具有抗震能力。指地震烈度 7 度以上地区。

（3）三相组合式金属氧化物避雷器的型号结构为

$$\boxed{①}\ \boxed{②}\ \boxed{③}\ \boxed{④}\ \boxed{⑤}-\boxed{⑥}/\boxed{⑦}\ \boxed{⑧}/\boxed{⑨}\ \boxed{⑩}$$

其中，各个代号代表的含义如下：①为产品形式；②为标称放电电流；③为结构特征；④为使用场所；⑤为设计序号；⑥为避雷器额定电压（相对相）；⑦为标称放电电流下的残压（相对相）；⑧为避雷器额定电压（相对地）；⑨为标称放电电流下的残压（相对地）；⑩为附加特征。

1）产品形式：三相组合式金属氧化物避雷器的"产品形式"代号由一个或两个字母组成，即：

Y——交流系统用瓷外套金属氧化物避雷器；

YH——交流系统用复合外套金属氧化物避雷器。

2）标称放电电流：表示三相组合式金属氧化物避雷器的标称放电电流，其单位为千安（kA）。

3）结构特征：

W——无间隙；

C——有串联间隙。

4）使用场所：

S——适用于配电；

Z——适用于变电站;

R——适用于保护电容器组;

D——适用于旋转电机。

5）设计序号：产品的设计序号。

6）特征数字：三相组合式避雷器特征数字由⑥和⑦及⑧和⑨两部分组成，第一组为⑥和⑦表示相—相特征数字；第二组为⑧和⑨表示相—地特征数字。在斜线左方为避雷器的额定电压（单位为 kV），斜线右方为避雷器标称放电电流下的残压（单位为 kV）。

7）附加特征：

TL——避雷器附带脱离器;

W——重污秽地区;

G——高海拔地区，指海拔超过 1000m 地区;

T——湿热带地区;

Z——避雷器具有抗震能力，指地震烈度 7 度以上地区。

2. 避雷器附属产品

（1）放电计数器。其型号结构为

$$\boxed{①}\ \boxed{②}\ \boxed{③}-\boxed{④}/\boxed{⑤}\ \boxed{⑥}$$

其中各个代号代表的含义如下：①为产品形式；②为结构特征；③为设计序号；④为标称放电电流；⑤为方波电流耐受值；⑥为附加特征。

1）产品形式代号：放电计数器的"产品形式"代号由两个字母表示，即"JS"。

2）结构特征：

Y——采用金属氧化物电阻片的放电计数器;

X——采用线圈的放电计数器。

对于采用碳化硅电阻片的放电计数器，结构特征代号略去。

3）设计序号：产品的设计序号。

4）特征数字：放电计数器的特征数字由④和⑤组成，在斜线的上方为标称放电电流（单位为 kA），斜线下方为方波电流耐受值（单位为 A）。

5）附加特征代号：

S——数字显示式;

Z——指针显示式;

D——电子远传式。

（2）监测器。其型号结构为

$$\boxed{①}\ \boxed{②}\ \boxed{③}-\boxed{④}/\boxed{⑤}\ \boxed{⑥}$$

其中，各个单元代表的含义如下：①为产品形式；②为结构特征；③为设计序号；④为标称放电电流；⑤为方波电流耐受值；⑥为附加特征代号。

1）产品形式代号：监测器的"产品形式"代号由三个字母表示，即"JCQ"。

2）结构特征代号：

Y——采用金属氧化物电阻片的监测器；

X——采用线圈的监测器。

3）设计序号：产品的设计序号。

4）特征数字：监测器的特征数字由④和⑤组成，在斜线的左方为标称放电电流（单位为 kA），斜线右方为方波电流耐受值（单位为 A）。

5）附加特征代号：

S——数字显示式；

Z——指针显示式；

D——电子远传式。

电流用指针显示、动作次数用数字显示的监测器不加附加特征代号。

（3）脱离器。其型号结构为

$$ \boxed{①}\ \boxed{②}\ \boxed{③}-\boxed{④}/\boxed{⑤} $$

其中，各个单元代表的含义如下：①为产品形式；②为结构特征；③为设计序号；④为标称放电电流；⑤为方波电流耐受值。

1）产品形式代号：脱离器的"产品形式"代号由两个字母表示，即"TL"。

2）结构特征代号：

R——热熔式；

B——热爆式。

3）设计序号：产品的设计序号。

4）特征数字：脱离器的特征数字由④和⑤组成，在斜线的左方为标称放电电流（单位为 kA），斜线右方为方波电流耐受值（单位为 A）。

## 2.3　典型金属氧化物避雷器技术参数

典型的电站类和配电类避雷器参数见表 2-1。

典型的电气化铁道用避雷器参数见表 2-2。

典型的并联补偿电容器用避雷器参数见表 2-3。

典型的电机用避雷器参数见表 2-4。

典型的低压避雷器参数见 2-5。

典型的电机中性点用避雷器参数见 2-6。

典型的变压器中性点用避雷器参数见 2-7。

典型的线路用避雷器参数见 2-8。

表 2-1　　　　　　　　　　　典型的电站类和配电类避雷器参数　　　　　　　　（单位：kV）

| 避雷器额定电压 $U_r$ | 避雷器持续运行电压 $U_c$ | 标称放电电流 20kA 等级 电站类（GB 11032—2010 电站避雷器） | | | | 标称放电电流 10kA 等级 电站类（GB 11032—2010 电站避雷器） | | | | 标称放电电流 5kA 等级 电站类 a、配电类（GB 11032—2010 电站避雷器） | | | | 配电类（GB 11032—2010 配电避雷器） | | | |
|---|---|---|---|---|---|---|---|---|---|---|---|---|---|---|---|---|---|
| | | 陡波冲击电流残压 | 雷电冲击电流残压 | 操作冲击电流残压 | 直流1mA参考电压 | 陡波冲击电流残压 | 雷电冲击电流残压 | 操作冲击电流残压 | 直流1mA参考电压 | 陡波冲击电流残压 | 雷电冲击电流残压 | 操作冲击电流残压 | 直流1mA参考电压 | 陡波冲击电流残压 | 雷电冲击电流残压 | 操作冲击电流残压 | 直流1mA参考电压 |
| 有效值 | | （峰值）不大于 | | | 不小于 | （峰值）不大于 | | | 不小于 | （峰值）不大于 | | | 不小于 | （峰值）不大于 | | | 不小于 |
| 5 | 4.0 | | | | | | | | | 15.5 | 13.5 | 11.5 | 7.2 | 17.3 | 15.0 | 12.8 | 7.5 |
| 10 | 8.0 | | | | | | | | | 31.0 | 27.0 | 23.0 | 14.4 | 34.5 | 30.0 | 25.6 | 15.0 |
| 12 | 9.6 | | | | | | | | | 37.2 | 32.4 | 27.6 | 17.4 | 41.2 | 35.8 | 30.6 | 18.0 |
| 15 | 12.0 | | | | | | | | | 46.5 | 40.5 | 34.5 | 21.8 | 52.5 | 45.6 | 39.0 | 23.0 |
| 17 | 13.6 | | | | | 51.8 | 45.0 | 38.3 | 24.0 | 51.8 | 45.0 | 38.3 | 24.0 | 57.5 | 50.0 | 42.5 | 25.0 |
| 26 | 20.8 | | | | | 76 | 66 | 56 | 37 | 76 | 66 | 56 | 37 | 85 | 72 | 65 | 37 |
| 34 | 27.2 | | | | | 95 | 85 | 75 | 48 | 95 | 85 | 75 | 48 | 105 | 95 | 85 | 48 |
| 51 | 40.8 | | | | | 154 | 134 | 114 | 73 | 154 | 134 | 114 | 73 | | | | |
| 84 | 67.2 | | | | | 254 | 221 | 188 | 121 | 254 | 221 | 188 | 121 | | | | |
| 90 | 72.5 | | | | | 264 | 235 | 201 | 130 | 270 | 235 | 201 | 130 | | | | |
| 96 | 75 | | | | | 280 | 250 | 213 | 140 | | | | | | | | |
| 102 | 79.6 | | | | | 297 | 266 | 226 | 148 | | | | | | | | |
| 108 | 84 | | | | | 315 | 281 | 239 | 157 | | | | | | | | |
| 192 | 150 | | | | | 560 | 500 | 426 | 280 | | | | | | | | |
| 204 | 159 | | | | | 594 | 532 | 452 | 296 | | | | | | | | |
| 216 | 168.5 | | | | | 630 | 562 | 478 | 314 | | | | | | | | |
| 288 | 219 | | | | | 782 | 698 | 593 | 408 | | | | | | | | |
| 300 | 228 | | | | | 814 | 727 | 618 | 425 | | | | | | | | |
| 306 | 233 | | | | | 831 | 742 | 630 | 433 | | | | | | | | |
| 312 | 237 | | | | | 847 | 760 | 643 | 442 | | | | | | | | |
| 324 | 246 | | | | | 880 | 789 | 668 | 459 | | | | | | | | |
| 420 | 318 | 1170 | 1046 | 858 | 565 | 1075 | 960 | 852 | 565 | | | | | | | | |
| 444 | 324 | 1238 | 1106 | 907 | 597 | 1137 | 1015 | 900 | 597 | | | | | | | | |
| 468 | 330 | 1306 | 1166 | 956 | 630 | 1198 | 1070 | 950 | 630 | | | | | | | | |
| 600 | 462 | 1518 | 1380 | 1142 | 810 | | | | | | | | | | | | |
| 648 | 498 | 1639 | 1491 | 1226 | 875 | | | | | | | | | | | | |
| 828 | 630 | 1702 | 1620 | 1450 | 1114/8mA | | | | | | | | | | | | |
| 852 | 638 | 1837 | 1670 | 1505 | 1148/8mA | | | | | | | | | | | | |

注：放电电流 5kA 等级的额定电压 84kV、90kV 避雷器分类为电站类。

**表 2-2** 　　　　　　　　　典型的电气化铁道用避雷器参数 　　　　　　（单位：kV）

| 避雷器额定电压 $U_r$（有效值） | 避雷器持续运行电压 $U_c$（有效值） | 标称放电电流 5kA 等级 | | | |
|---|---|---|---|---|---|
| | | 陡波冲击电流残压 | 雷电冲击电流残压 | 操作冲击电流残压 | 直流 1mA 参考电压 |
| | | （峰值）不大于 | | | 不小于 |
| 42 | 34.0 | 138.0 | 120.0 | 98.0 | 65.0 |
| 84 | 68 | 276 | 240 | 196 | 130 |

**表 2-3** 　　　　　　　　　典型的并联补偿电容器用避雷器参数 　　　　　　（单位：kV）

| 避雷器额定电压 $U_r$（有效值） | 避雷器持续运行电压 $U_c$（有效值） | 标称放电电流 5kA 等级 | | |
|---|---|---|---|---|
| | | 雷电冲击电流残压 | 操作冲击电流残压 | 直流 1mA 参考电压 |
| | | （峰值）不大于 | | 不小于 |
| 5 | 4.0 | 13.5 | 10.5 | 7.2 |
| 10 | 8.0 | 27.0 | 21.0 | 14.4 |
| 12 | 9.6 | 32.4 | 25.2 | 17.4 |
| 15 | 12.0 | 40.5 | 31.5 | 21.8 |
| 17 | 13.6 | 46.0 | 35.0 | 24.0 |
| 51 | 40.8 | 134.0 | 105.0 | 73.0 |
| 84 | 67.2 | 221 | 176 | 121 |
| 90 | 72.5 | 236 | 190 | 130 |

**表 2-4** 　　　　　　　　　典型的电机用避雷器参数 　　　　　　（单位：kV）

| 避雷器额定电压 $U_r$（有效值） | 避雷器持续运行电压 $U_c$（有效值） | 标称放电电流 5kA 等级 | | | | 标称放电电流 2.5kA 等级 | | | |
|---|---|---|---|---|---|---|---|---|---|
| | | 发电机用避雷器 | | | | 电动机用避雷器 | | | |
| | | 陡波冲击电流残压 | 雷电冲击电流残压 | 操作冲击电流残压 | 直流 1mA 参考电压 | 陡波冲击电流残压 | 雷电冲击电流残压 | 操作冲击电流残压 | 直流 1mA 参考电压 |
| | | （峰值）不大于 | | | 不小于 | （峰值）不大于 | | | 不小于 |
| 4 | 3.2 | 10.7 | 9.5 | 7.6 | 5.7 | 10.7 | 9.5 | 7.6 | 5.7 |
| 8 | 6.3 | 21.0 | 18.7 | 15.0 | 11.2 | 21.0 | 18.7 | 15.0 | 11.2 |
| 13.5 | 10.5 | 34.7 | 31.0 | 25.0 | 18.6 | 34.7 | 31.0 | 25.0 | 18.6 |
| 17.5 | 13.8 | 44.8 | 40.0 | 32.0 | 24.4 | — | — | — | — |
| 20 | 15.8 | 50.4 | 45.0 | 36.0 | 28.0 | — | — | — | — |
| 23 | 18.0 | 57.2 | 51.0 | 40.9 | 31.9 | — | — | — | — |
| 25 | 20.0 | 62.9 | 56.2 | 45.0 | 35.4 | — | — | — | — |

表 2-5　　　　　　　　　　　典型的低压避雷器参数　　　　　　　　　（单位：kV）

| 避雷器额定电压 $U_r$（有效值） | 避雷器持续运行电压 $U_c$（有效值） | 标称放电电流 1.5kA 等级 | |
| --- | --- | --- | --- |
| | | 雷电冲击电流残压 | 直流 1mA 参考电压 |
| | | （峰值）不大于 | 不小于 |
| 0.28 | 0.24 | 1.3 | 0.6 |
| 0.50 | 0.42 | 2.6 | 1.2 |

表 2-6　　　　　　　　　　典型的电机中性点用避雷器参数　　　　　　（单位：kV）

| 避雷器额定电压 $U_r$（有效值） | 避雷器持续运行电压 $U_c$（有效值） | 标称放电电流 1.5kA 等级 | | |
| --- | --- | --- | --- | --- |
| | | 雷电冲击电流残压 | 操作冲击电流残压 | 直流 1mA 参考电压 |
| | | （峰值）不大于 | | 不小于 |
| 2.4 | 1.9 | 6.0 | 5.0 | 3.4 |
| 4.8 | 3.8 | 12.0 | 10.0 | 6.8 |
| 8 | 6.4 | 19.0 | 15.9 | 11.4 |
| 10.5 | 8.4 | 23.0 | 19.2 | 14.9 |
| 12 | 9.6 | 26.0 | 21.6 | 17.0 |
| 13.7 | 11.0 | 29.2 | 24.3 | 19.5 |
| 15.2 | 12.2 | 31.7 | 26.4 | 21.6 |

表 2-7　　　　　　　　　　典型的变压器中性点用避雷器参数　　　　　（单位：kV）

| 避雷器额定电压 $U_r$（有效值） | 避雷器持续运行电压 $U_c$（有效值） | 标称放电电流 1.5kA 等级 | | |
| --- | --- | --- | --- | --- |
| | | 雷电冲击电流残压 | 操作冲击电流残压 | 直流 1mA 参考电压 |
| | | （峰值）不大于 | | 不小于 |
| 60 | 48 | 144 | 135 | 85 |
| 72 | 58 | 186 | 174 | 103 |
| 96 | 77 | 260 | 243 | 137 |
| 144 | 116 | 320 | 299 | 205 |
| 207 | 166 | 440 | 410 | 292 |

表 2-8 典型的线路用避雷器参数 （单位：kV）

| 避雷器额定电压 $U_r$ | 避雷器持续运行电压 $U_c$ | 标称放电电流 20kA 等级 | | | | 标称放电电流 10kA 等级 | | | | 标称放电电流 5kA 等级 | | | | 系统标称电压 |
|---|---|---|---|---|---|---|---|---|---|---|---|---|---|---|
| | | 陡波冲击电流残压 | 雷电冲击电流残压 | 操作冲击电流残压 | 直流 1mA 参考电压 | 陡波冲击电流残压 | 雷电冲击电流残压 | 操作冲击电流残压 | 直流 1mA 参考电压 | 陡波冲击电流残压 | 雷电冲击电流残压 | 操作冲击电流残压 | 直流 1mA 参考电压 | |
| （有效值） | （峰值）不大于 | | | 不小于 | （峰值）不小于 | | | 不小于 | （峰值）不大于 | | | 不小于 | 有效值 |
| 17 | 13.6 | | | | | | | | | 57.5 | 50 | 42.5 | 25 | 10 |
| 51 | 40.8 | | | | | | | | | 154 | 134 | 114 | 73 | 35 |
| 54 | 43.2 | | | | | | | | | 163 | 142 | 121 | 77 | |
| 96 | 75 | | | | | 288 | 250 | 213 | 140 | 288 | 250 | 213 | 140 | 66 |
| 108 | 84 | | | | | 315 | 281 | 239 | 157 | | | | | 110 |
| 114 | 89 | | | | | 341 | 297 | 252 | 165 | | | | | |
| 216 | 168.5 | | | | | 630 | 562 | 478 | 314 | | | | | 220 |
| 312 | 237 | | | | | 847 | 760 | 643 | 442 | | | | | 330 |
| 324 | 246 | | | | | 880 | 789 | 668 | 459 | | | | | |
| 444 | 324 | 1238 | 1106 | 907 | 597 | 1137 | 1015 | 900 | 597 | | | | | 500 |
| 468 | 330 | 1306 | 1166 | 956 | 630 | 1198 | 1070 | 950 | 630 | | | | | |

# 第3章 金属氧化物非线性电阻

## 3.1 概述

金属氧化物非线性电阻（Metal Oxide Varistor，MOV）通常是指具有非线性伏安特性的氧化锌压敏电阻，在避雷器行业习惯上叫作氧化锌电阻片、电阻片或阀片。从材料分类来看，金属氧化物非线性电阻属于电子陶瓷材料中的压敏电阻材料，压敏电阻材料主要有 SiC、$TiO_2$、$SnO_2$、$SrTiO_3$、ZnO 等，但应用广、性能好的当属氧化锌压敏陶瓷。由于氧化锌压敏陶瓷呈现较好的压敏特性（即非线性伏安特性），在电力系统、电子线路、家用电器等领域中都有广泛的应用，尤其在高性能浪涌吸收、过电压保护、无间隙避雷器方面的应用最为突出。

氧化锌电阻片是以氧化锌为主要原料，添加少量的 $Bi_2O_3$、$Sb_2O_3$、$MnO_2$、$Cr_2O_3$、$Co_2O_3$ 等作为辅助成分，采用陶瓷烧结工艺制备而成的一种陶瓷体，其制造基本流程如图 3-1 所示。按配方将金属氧化物粉料混合、研磨到预定的粒径，干燥后干压成型，成型坯体经过 1100～1300℃的高温烧结，获得需要的致密度和均匀度的氧化锌电阻片。

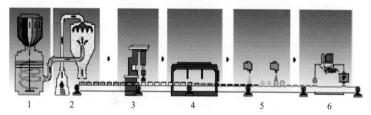

图 3-1 氧化锌电阻片制造的基本流程

1—混合；2—喷雾干燥；3—成型；4—烧结；5—喷涂电极；6—测试

氧化锌电阻片被压制成型和烧结成各种形状，有盘状、环状和微型颗粒等。其电气、机械性能受到多种因素的制约和影响，如配方组分、烧结制度等工艺过程都对其微观结构造成影响，从而影响其电气、机械性能。

避雷器所用氧化锌电阻片形状上一般是圆柱状或圆环状［见图 3-2（a）］，直径一般在 30～136mm，厚度为 5～50mm，薄片通常用于监测器和低压避雷器。氧化锌电阻片分为交流避雷器用电阻片和直流避雷器用电阻片，直流电阻片通常可用于交流避雷器。习惯上，电压梯度在 250V/mm 以上的电阻片称为高梯度电阻片。

氧化锌电阻片侧面绝缘层如图 3-2（b）所示，侧面绝缘层的种类主要有陶瓷绝缘层、有机聚合物绝缘层、低温玻璃绝缘层，这几种绝缘层也可复合使用。在避雷器各种电负荷下，其电绝缘特性没有显著区别。氧化锌电阻片两端热喷涂电极，电极材料一般为铝。

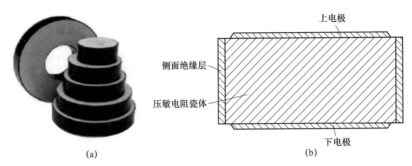

图 3-2 氧化锌电阻片

（a）实物；（b）示意图

## 3.2 金属氧化物非线性电阻微观结构

氧化锌电阻片为多晶、多相，属于半导体陶瓷材料制品，由 Zn、Bi、Co、Mn、Sb、Ni、Cr 和 Al 等氧化物混合烧结而成，ZnO 通常占 85%～95%。各组分在高温下通过化合、固溶、共熔等过程，液相烧结形成了氧化锌电阻片微观结构，各生产厂家的配方不同，工艺不同，氧化锌电阻片显微结构有所差别，但物相基本上可归结为图 3-3 所示。图 3-4 是氧化锌电阻片扫描电子显微镜照片，照片展示了各物相的分布情况。

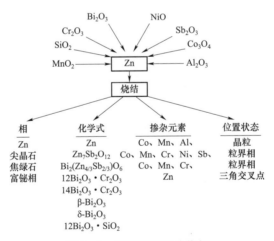

图 3-3 氧化锌电阻片物相

在图 3-4 中，颜色深的 ZnO 晶粒，一般为 10～20μm，氧化锌晶粒间的白色薄层（晶界层）和氧化锌晶粒三角区的白色物相被称为富 Bi 相，包裹在氧化锌晶粒内及分布在三角区富Bi 相中，颜色较氧化锌晶粒浅的细小晶粒为尖晶石相（spinel $Zn_7Sb_2O_{12}$），其他添加物 $Co^{+3}$、$Mn^{+3}$、$Ni^{+3}$、$Cr^{+3}$ 和 $Al^{+3}$ 等离子固溶在上述三相中，调节和改善电阻片的性能。在氧化锌电阻片微观结构中，ZnO 晶粒和富 Bi 相是形成压敏特性（非线性特性）的基本物相，其显微结构的本质特征是氧化锌晶粒分布在三维连续网状的富 Bi 相中，如图 3-5 所示。

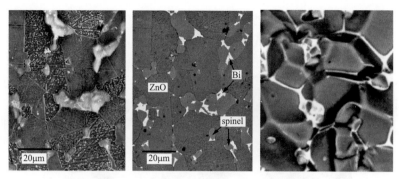

图 3-4　氧化锌电阻片扫描电子显微镜照片

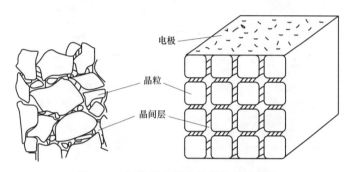

图 3-5　氧化锌电阻片的简化显微结构

ZnO 晶粒是构成电阻片的最主要物相，是电阻片吸收能量时的热沉。晶粒大小受烧结温度、时间和配方成分的影响。在高温烧结过程中，细小的 ZnO 原料颗粒（一般平均粒径 0.5μm）长大到 10～20μm，同时固溶配方中的其他金属离子，形成具有 N 型半导体特征的 ZnO 晶粒。ZnO 晶粒电阻率决定了电阻片伏安特性上翘区斜率，电阻率为 $10^{-1}$～$10\Omega \cdot cm$，ZnO 孪晶如图 3-6 所示。

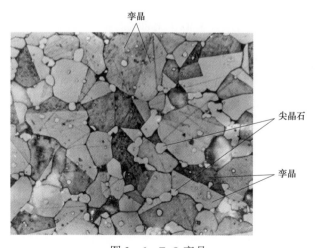

图 3-6　ZnO 孪晶

尖晶石相 $Zn_7Sb_2O_{12}$ 固溶有其他金属离子，主要在 ZnO 晶界处，阻止氧化锌晶粒长大，促使氧化锌生成孪晶结构（见图 3-6），由焦绿石（pyrochlore）在 900℃ 以上分解生成。

富 Bi 相存在于氧化锌晶粒间，在烧结过程中，$Bi_2O_3$ 与 ZnO 形成液相，通过润湿氧化锌晶粒，冷却凝固、结晶形成三维连续网络（见图 3-7），与氧化锌晶粒一起形成了压敏特性的基础。富 Bi 相固溶配方中的其他金属离子形成 P 型半导体晶界层。商用高压氧化锌电阻片中富 Bi 相一般可以分成两类：$Bi_2O_3$ 晶相和 $Bi_2O_3$ 非晶相。$Bi_2O_3$ 晶相有四种同质异构结构 $\alpha-Bi_2O_3$、$\beta-Bi_2O_3$、$\gamma-Bi_2O_3$、$\delta-Bi_2O_3$。电阻片中晶界层可分为以下四类（见图 3-8）：

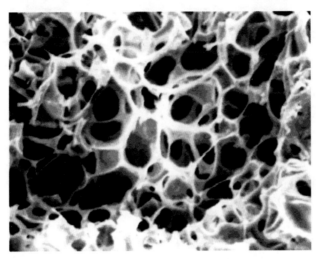

图 3-7　$Bi_2O_3$ 三维连续网络，孔洞为腐蚀掉的 ZnO 晶粒

（1）类型 Ⅰ。较厚晶界层（厚度大于 100nm）富 $Bi_2O_3$ 非晶层，这类晶界往往含有小晶粒。

（2）类型 Ⅱ。薄晶界层（厚度 1～100nm）富 $Bi_2O_3$ 非晶层。

（3）类型 Ⅲ。晶粒几乎直接接触层，含有 Bi、Co 和 O 离子，厚度几纳米。Ⅱ 型和 Ⅲ 型晶界是压敏特性产生的主要结构。

（4）孪生晶界，如图 3-6 所示，类似于第 Ⅲ 类。

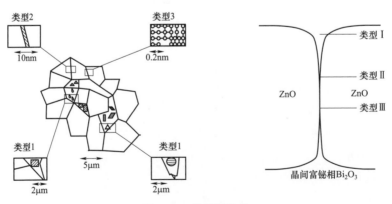

图 3-8　晶界的种类

与大多数陶瓷一样，氧化锌压敏陶瓷不可避免地也有气孔相，气孔相的存在使电阻片电流分布的均匀性和通流面积受到影响。

氧化锌电阻片的上述显微结构特征，即导电的氧化锌晶粒由绝缘的富 Bi 相三维网络包围，与二极管类似，在氧化锌晶粒与富 Bi 相晶界间形成 PN 结而表现出非线性电流电压（伏安）特性，以及非线性电阻特性或非欧姆特性、或压敏特性、或压敏效应。

## 3.3　金属氧化物非线性电阻导电机理与非线性伏安特性

图 3-4 是氧化锌电阻片的电子显微结构照片，可将图 3-4 转化成图 3-5 的理想结构。包括电阻率为 $10^{-1}\sim10\Omega\cdot cm$ 的 ZnO 晶粒和以 $Bi_2O_3$ 为主、电阻率为 $10^{10}\sim10^{12}\Omega\cdot cm$ 的晶界层。ZnO 晶粒为 N 型半导体，晶界层为 P 型半导体。P 型半导体和 N 型半导体接触形成 PN 结，也叫阻挡层、耗尽层、势垒。因此，氧化锌非线性晶界可以看成两只正极（P 极）相接的二极管，这是压敏效应（非线性伏安特性）的本质特征，即晶界势垒具有肖特基效应，在较低电压作用下，呈现高阻特性，超过一定电压，呈现较低电阻特性，从而使 MOV 具有优异的非线性伏安特性，如图 3-9 所示。而诸多的晶粒和晶界，串并联形成 MOV 电阻片，如图 3-5 所示。

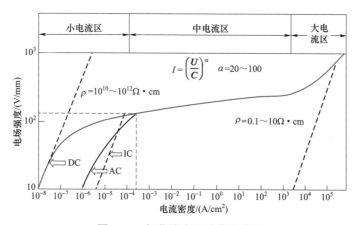

图 3-9　氧化锌电阻片伏安特性

从图 3-9 所示伏安特性曲线可以明显地看出，根据流过氧化锌非线性电阻上的电流大小，可将氧化锌非线性电阻伏安特性曲线分为三个区域，分别为小电流预击穿区、中电流击穿区和大电流翻转区。在电工技术和工程应用领域又相应地被称为小电流区、中电流区和大电流区。现将非线性电阻的各个区域特性总结如下：

（1）小电流（预击穿）区。电阻片在其伏安特性曲线的预击穿区内有一个拐点，这个拐点对应一个特定的拐点电压和一个特定的拐点电流。当外加电压高于这个拐点电压，电阻片就进入"导通"状态（电阻值变小）；当外加电压低于这个拐点电压，电阻片就进入了"截止"状态（电阻值变大）。在工程应用中，该区域电流密度的大小，决定了非线性电阻在持续运行电压下的工作可靠性，非线性电阻的电流密度被限制在 $1\mu A/cm^2$ 以下，非线性电阻的电阻率

在 $10^{10}\sim10^{12}\Omega\cdot cm$ 之间，非线性电阻表现为高阻特性。

（2）中电流（击穿）区。击穿区是非线性电阻的重要工作区间，流过非线性电阻的电流密度为 $10^{-6}\sim10^{2}A/cm^{2}$，电阻片的电阻率在 $10\sim10^{10}\Omega\cdot cm$ 之间，充分表现出非线性电阻的非线性特性。在该区域，非线性电阻主要抑制过电压和吸收冲击电流能量。击穿区的伏安特性曲线的斜率反应了非线性电阻在该区域非线性特性的优异程度，曲线的斜率越小，则非线性电阻陶瓷的非线性性能就越好，通常用非线性系数 $\alpha$ 表征。

（3）大电流（翻转）区。非线性电阻工作在该区域时，每平方厘米非线性电阻上流过的电流超过 100A，此时，非线性电阻的电阻率以 ZnO 晶粒电阻为主，氧化锌晶粒的电阻率在 $0.1\sim10\Omega\cdot cm$ 之间，几乎表现出线性电阻的特性，曲线的斜率就是晶粒的电阻率。该区域晶粒电阻率的大小，决定了氧化锌非线性电阻的保护特性，电阻率越小，则非线性电阻的保护特性越好。通过在氧化锌非线性电阻配方中掺杂不同的金属离子，可以改变该区域中 ZnO 晶粒电阻率，以达到改善保护特性的目的，非线性电阻残压是衡量该区域特性关键技术指标，用残压比（习惯上称作比）表征。图 3-10 所示为氧化锌电阻片不同电应力下的工作区域。

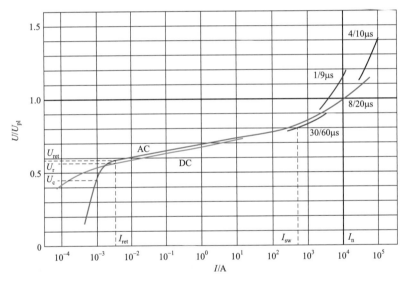

图 3-10　氧化锌电阻片不同电应力下的工作区域

## 3.4　金属氧化物非线性电阻主要特性参数

在氧化锌非线性电阻的研制和应用中，有几项衡量氧化锌非线性电阻性能的常用技术指标，包括压敏电压 $E_{1mA}$、非线性系数 $\alpha$、残压比 $K$、漏电流 $I_{L}$、能量吸收能力、电阻片的伏安特性随温度的变化、电阻片伏安特性与频率的关系、电阻片的响应特性及电阻片的寿命及其预测等，本节对这几项常用技术指标做简单介绍。

（1）压敏电压（varistor voltage）。压敏电压有多种叫法，如钳制电压（clamping voltage）、开关电压（switching voltage）、动作电压（operation voltage）、击穿电压（breakdown voltage）、

反应了电阻片进入非线性工作区的起始电压（单位厚度压敏电压值可称为电压梯度或压敏场强）。

电阻片的最重要的特性就是电阻值随外加电压敏感变化，伏安特性曲线中的拐点电压可以理解为反应电阻片的这一重要特性的起始点，因此，可以将拐点电压理解为电阻片的导通和截止两种状态之间的临界电压。

压敏电压通常用流过非线性电阻 1mA 直流电流时，非线性电阻两端的电压表示，记为 $U_{1mA}$。单位厚度上的压敏电压又称电压梯度，单位是 V/mm。在电力系统中使用的商业化非线性电阻通常生产成直径为 30～136mm，厚度为 20～40mm 的圆柱或圆环状。

（2）非线性系数与残压比。非线性系数是衡量非线性电阻保护特性的指标之一。被定义为非线性电阻伏安特性曲线斜率的倒数。非线性系数 $\alpha$ 越大，代表非线性电阻的非线性越好，现在商业化的氧化锌非线性电阻非线性系数 $\alpha > 30$。非线性系数 $\alpha$ 在预击穿区逐渐增加，直到击穿区达到最大值，进入反转区时，非线性现象消失。在同类非线性电阻中，氧化锌非线性电阻由于具有优良的非线性系数，目前已经取代了 SiC 非线性电阻，在电力系统中被广泛应用。

残压比，也叫压比，是非线性系数的工程应用的表达方式，氧化锌非线性电阻的残压定义为通过规定的标称放电电流时，两端子间的最高电压峰值，记为 $U_{res}$。一般用标准雷电流波形 8/20μs 下的标称放电电流残压表示。残压比是标称放电电流残压与压敏电压的比值。

（3）漏电流。氧化锌非线性电阻等效电路如图 3-11 所示，其中，$R_{grain}$、$R_{Ig}$ 分别是氧化锌晶粒的电阻、晶界层电阻；$C_{Ig}$ 晶界层电容。预击穿区漏电流包括阻性电流 $I_R$ 和容性电流 $I_C$ 两部分，分别流过等价电路中的电阻支路和电容支路。在预击穿区，容性电流远大于阻性电流，但是在预击穿区的功率损耗是由阻性电流产生的，并转化为热能，被非线性电阻吸收后，使非线性电阻温度升高。

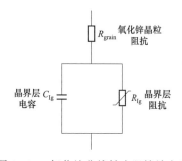

图 3-11　氧化锌非线性电阻等效电路

在非线性电阻的应用过程中，需要控制阻性电流的大小，防止非线性电阻出现不可逆转的热损坏现象（热崩溃）。控制漏电流大小有几种途径：可以通过改进非线性电阻的配方和生产工艺降低漏电流；另一种方法是在避雷器设计中，提高避雷器稳态运行的参考电压，降低避雷器运行的环境温度。氧化锌非线性电阻在预击穿区具有负的温度系数，随着温度的升高，漏电流会逐渐升高，非线性电阻的功耗也随之增加，当非线性电阻的发热和散热失去平衡时，将打破氧化锌非线性电阻的稳定工作状态，使氧化锌避雷器出现危险损坏现象，降低避雷器的使用寿命。因此，减小预击穿区的漏电流，对提高氧化锌避雷器的工作稳定性具有重要的意义。

非线性电阻的使用寿命与非线性电阻的漏电流大小密切相关。非线性电阻在使用过程中，除了承受机械应力和电压应力，其使用寿命主要是由漏电流中的阻性电流和自身温度决定。预测非线性电阻使用寿命传统方式是在给定的应用电压和温度下，当漏电流或者功耗达到设定值，即认为氧化锌非线性电阻寿命的终结，关于氧化锌非线性电阻失效的定量技术判据是当非线性电阻达到漏电流的功耗极限即认为非线性电阻达到使用期限，判据为非线性电阻产生的功耗大于其热耗散功耗。

（4）能量吸收能力。氧化锌避雷器的作用是当输电系统出现危险的冲击电流时，向接地系统快速泄放冲击电荷而吸收能量，将输电系统的电压幅值限制在电气设备的绝缘能承受的范围内。氧化锌避雷器在线持续运行过程中，将承受各种不同波形的冲击，避雷器在吸收冲击能量后，必须能够保持热稳定而不出现热崩溃，通常用单位体积内吸收的能量（J/cm³）表示非线性电阻的能量吸收能力。非线性电阻在吸收冲击电流能量后，要具有快速向周围环境释放能量，恢复到稳态工作温度的能力。目前，商业运行的非线性电阻避雷器的能量耐受能力在 150～300J/cm³（2ms 方波耐受）。氧化锌非线性电阻能量吸收能力可以从材料组分、非线性电阻的制作工艺等方面得到改善。组分的均匀度、晶粒大小、气孔率和坯体密度等参数影响氧化锌非线性电阻的能量吸收密度。由于氧化锌非线性电阻配方组分的不同，在烧结过程中，组分之间的缺陷反应对微观结构耗尽层、晶间层的形成，也影响氧化锌非线性电阻的能量吸收能力。另外，氧化锌非线性电阻的能量吸收能力也受到冲击波前时间、冲击持续时间和冲击频次的影响，氧化电阻片单次能量耐受与波形的关系如图 3-12 所示。

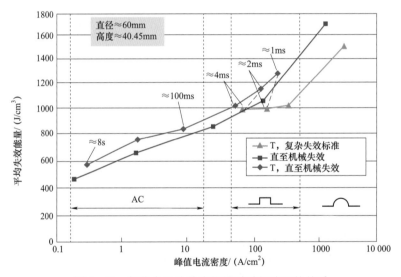

图 3-12　氧化电阻片单次能量耐受与波形的关系

（5）电阻片的伏安特性随温度的变化。氧化锌电阻片在电力系统正常运行时，工作区间在其伏安特性曲线的小电流区，在该区电阻片的伏安特性具有负的温度系数，由于漏电流的作用，使得电阻片温升增加，如果电阻片温度的增加破坏了避雷器的热平衡关系，则会导致电阻片的温升进入恶性循环状态，最终会导致电阻片发生不可恢复性损坏，严重时将使氧化锌压敏电阻片烧毁，这种破坏形式即是热崩溃。

伏安特性随温度的变化特征，可以在不同区域显示完全不同的规律。小电流区的伏安特性与温度密切相关，其电阻—温度系数为负值，即在相同电压下电流随温度升高而增大；中电流区与温度没有明显的关系，大电流区的电阻温度系数为正值，即在相同电压下电流随温度升高而减小，避雷器伏安特性随温度的变化如图 3－13 所示。

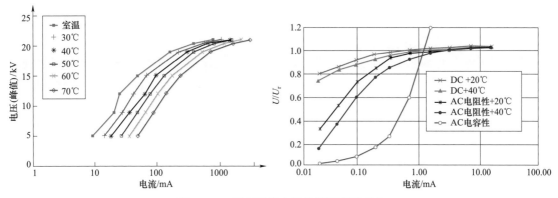

图 3－13　避雷器伏安特性随温度的变化

在小电流区，外施电压较低，即在压敏电压以下，其导电过程是由越过肖特基势垒的热电子产生，越过势垒的电子数随温度升高而增加，呈现出负的温度系数。在中电流区，外施电压高于压敏电压，导电过程由穿越隧道电流产生，隧道电流与温度关系不大，故电阻随温度变化很小。在大电流区，氧化锌晶粒电阻占优势。氧化锌晶粒是 N 型半导体，载流子全部参与导电，因此，显示出氧化锌晶粒的半导体特性，即电阻率呈正温度特性。

小电流区域的温度特性有十分重要的工程意义，是影响避雷器热稳定性的重要特性，在高电流区，电阻正温度系数特性对多柱并联避雷器的均流特性有一定正面影响。在避雷器的实际运行中，夏天往往漏电流较大，其主要原因就是在小电流区电阻片的负温度特性引起的。

（6）电阻片伏安特性与频率的关系。如图 3－14 所示为伏安特性与频率的关系，可以看出，在小电流预击穿区，伏安特性曲线随着频率升高，阻抗变小，伏安特性向漏电流增大的方向移动。

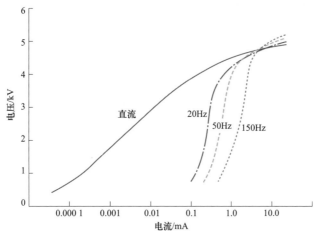

图 3－14　伏安特性与频率的关系

（7）电阻片的响应特性。氧化锌电阻片的导电机理与其他半导体元件相似，故其导通极其迅速，没有显著的延时，响应速度可小于10ns。由于受测量中接线电感等因素的制约，掩盖了其本征的响应速度，通常测量的响应速度为50ns。

在实际应用中，冲击电流波形对电阻片残压有影响，在冲击电流值相同的条件下，波头持续时间越短，则残压越高。

从微观机理上看，氧化锌非线性电阻对冲击电流下电压的响应（见图3-15）可以理解为，当施加的电流在小电流区，容性电流起主要作用，由于电容充电需要时间，因而引起电压响应的时延。从物理本质来看，这种残压升高（过冲）现象可以认为是由于导电电子的形成需要时间（即电导电流的时延效应）所致。也有观点认为氧化锌非线性电阻对冲击电流下电压的响应所显示出来的电压过冲是由测量引起的。

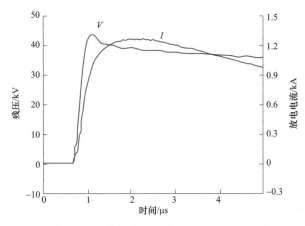

图3-15　非线性电阻冲击电流下电压的响应

（8）电阻片的寿命及其预测。由于电阻片总是受到稳态持续电压的作用，其寿命与漏电流密切相关，在不发生机械或其他电气性能失效的情况下，电阻片的寿命主要是由直流漏电流或阻性漏电流 $I_r$ 及其随温度、电压和时间的上升情况所决定的。预测寿命的一种简单的方法是，在规定的温度和外施电压下，电流或功率达到某个临界值时寿命就终止，一般把电流或功率"加倍"作为达到这一临界值的判据，这种方法被普遍采用为避雷器运行中的判断依据。

1948年，Dakin发现，绝缘材料的绝缘老化（阻值变小）速率规律与温度有密切关系，符合阿伦尼乌斯（Arrhenius）公式，该公式是由瑞典的阿伦尼乌斯所创立的化学反应速率常数随温度变化关系的经验公式，即

$$K = Ae^{-E/RT}$$

式中　　$K$——速率常数；

　　　　$R$——摩尔气体常量；

　　　　$T$——热力学温度；

　　　　$E$——活化能；

$A$——指前因子（也称频率因子）。

大多数化学反应，其反应速率随温度的升高而增加，在温度不太高的情况下，反应速率随温度的变化体现在速率常数随温度的变化上。实验表明，反应温度每升高 10K，其反应速率变为原来的 2~4 倍，即

$$K(T+10)/K(T) \approx 2 \sim 4$$

该式称为范特霍夫规则。

为了评估电阻片的寿命，相关标准中采用加速老化试验进行评估，在试品上加一恒定的电压，此电压与电阻片额定电压之比被叫作荷电率。试品的温度控制在 70~150℃（一般 115℃），试验时间为 1000~2000h。相关标准中取 $K(T+10)/K(T)=2.5$，老化的加速率可以通过加速系数进行合理的估算。

加速老化试验温度下的加速系数（速率）为

$$AF_T = 2.5^{(\Delta T/10)}$$

式中　$\Delta T$——试验温度与相应产品的环境温度的上限的温差。

对于预测寿命，按下式计算

$$\xi = AF_T T$$

式中　$\xi$——预测寿命；

$T$——试验时间。

金属氧化物避雷器运行的正常环境温度上限为 40℃。对于某些避雷器，如果外壳不带电避雷器或液浸式避雷器，避雷器在其介质中运行的环境温度上限较高（分别为 +65℃ 及 +95℃）。表 3-1 提供了通过在 115℃下 1000h 的老化试验预测寿命的例子。

表 3-1　　　　　　　最 小 预 测 寿 命

| 环境温度的上限/℃ | 最小预测寿命/年 |
| --- | --- |
| 40 | 110 |
| 65 | 11 |
| 95 | 0.7 |

阿伦尼乌斯（Arrhenius）公式的另一种形式为

$$Ln\xi = A/T + B$$

式中　$\xi$——在某电压（或荷电率）下的寿命；

$B$——与材料特性和所加电压有关；

$T$——环境温度。

可以通过上式计算不同荷电率和环境温度下电阻片的预期寿命。

值得注意的是，从氧化锌避雷器运行 50 年的实际经验来看，Dakin-Arrhenius 模型在氧化锌电阻片长期寿命预测是可行的，但现在商业化生产的电阻片，按相关标准进行实验室加速老化，试验结果表明电阻片的功耗大多是降低的，这是该模型无法解释的现象。因此该模

型只具有工程或质量控制意义，能控制功耗升高的电阻片，使氧化锌避雷器在长期使用中保持稳定。

（9）电阻片的热、力学性能。表 3-2 是几种电阻片的密度、气孔率和力学性能。

表 3-2　　　　　　　　　　几种电阻片的密度、气孔率和力学性能

| 参数 | 电阻片 A | 电阻片 B | 电阻片 C | 电阻片 D | 电阻片 E | 平均值 |
|---|---|---|---|---|---|---|
| $\rho/\ (g/cm^3)$ | 5.47±0.01 | 5.43±0.01 | 5.63±0.02 | 5.55±0.05 | 5.55±0.04 | 5.53±0.08 |
| $V_p/\ (\%)$ | 6.4 | 5.9 | 6.0 | 3.6 | 4.1 | 5.2±1.3 |
| $G_s/\mu m$ | 7.1 | 8.1 | 6.7 | 6.7 | 6.3 | 7.0±0.7 |
| $\sigma_f/MPa$ | 80±4 | 88±3 | 106±6 | 117±6 | 120±4 | 102±18 |
| $K_{Ic}/\ (MPa \cdot m^{1/2})$ | 1.31±0.01 | 1.30±0.04 | 1.09±0.04 | 1.38±0.02 | 1.29±0.03 | 1.27±0.10 |
| $E/GPa$ | 104.9±1.0 | 109.2±0.3 | 114.1±0.8 | 117.5±0.5 | 115.4±1.8 | 112.2±5.1 |
| $G/GPa$ | 39.5±0.2 | 40.9±0.1 | 42.7±0.3 | 43.9±0.3 | 43.0±0.7 | 42.2±1.7 |
| $\nu$ | 0.328±0.005 | 0.335±0.001 | 0.336±0.003 | 0.339±0.002 | 0.343±0.001 | 0.336±0.006 |
| $HV/GPa$ | 1.89±0.09 | 1.98±0.07 | 2.06±0.07 | 2.19±0.06 | 2.26±0.05 | 2.08±0.15 |

注：$\rho$ 为密度，$V_p$ 气孔率，$G_s$ 为晶粒大小，$G$ 为剪切模量，$\sigma_f$ 为弯曲强度，$K_{Ic}$ 为断裂韧性，$E$ 为弹性模量，$\nu$ 泊松比，HV 为维氏硬度。

## 3.5　金属氧化物非线性电阻的破坏现象

氧化锌非线性电阻应用在电力系统中主要用来释放系统在运行过程中出现的各种冲击电流而吸收能量，限制系统运行过程中正常的操作冲击、雷击引起的过电压等。在各种类型的冲击中，由于冲击能量的大小各异，使得氧化锌压敏电阻片在不同的冲击下吸收的能量也有所不同，从而引起压敏电阻片的各种破坏和损坏，主要有热崩溃、穿孔、破裂和侧面闪络。

（1）热崩溃。氧化锌压敏电阻在电力系统正常运行时，工作区间在其伏安特性曲线的小电流区，在该区间电阻片的伏安特性具有负的温度系数，由于漏电流的作用，使得电阻片温升增加，如果温度的增加破坏了电阻片的热平衡关系，则会导致电阻片的温升进入恶性循环状态，最终导致电阻片发生不可恢复性损坏，这种破坏形式即是热崩溃，严重时将使氧化锌压敏电阻片出现穿孔、闪络或开裂。

（2）穿孔。穿孔这种破坏形式与电阻片的生产工艺和吸收过多的能量有关。在电阻片吸收冲击电流能量时，在某区域的电流密度相对较大，该区域的温升也相对较高，此时局部温度超过电阻片的熔化温度，则这部分区域的电阻片晶粒将被熔融，能量泄放过后，随着电阻片温度的降低，熔融区域的电阻片晶粒将收缩、再结晶，使得局部出现晶粒熔融后贯穿电阻片两端的小孔，即穿孔破坏形式，如图 3-16（a）所示。

（3）破裂。当吸收的能量超过电阻片承受极限时，吸收能量产生的高温和热应力，使电

阻片破裂，即破裂破坏形式，如图 3－16（b）所示。

（4）侧面闪络。在生产实践中，氧化锌电阻片的侧面需要涂覆绝缘油，目的是防止压敏电阻阀片在遭受大的冲击电流时，出现侧面闪络。电阻片在通流容量饱和时，已经承受很高的能量，此时，流经阀片的电流产生的热量使阀片温度急剧升高，如果侧面绝缘层的绝缘性能下降，严重时则出现闪络，如图 3－16（c）所示。

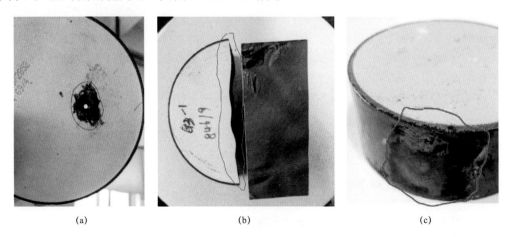

（a）　　　　　　　　　　　（b）　　　　　　　　　　　（c）

图 3－16　电阻片破坏形式
（a）阀片穿孔；（b）阀片破裂；（c）侧面闪络

# 第4章　金属氧化物避雷器的结构及关键性能

金属氧化物避雷器是指由装在具有电气和机械连接端子外套中的非线性氧化锌电阻片串联和（或）并联组成的避雷器，分为无间隙金属氧化物避雷器和带间隙金属氧化物避雷器。

本章主要介绍无间隙金属氧化物避雷器和带串联间隙金属氧化物避雷器的分类、结构特点及关键特性。

## 4.1　金属氧化物避雷器的分类

避雷器的分类方法很多，通常按电力系统、用途、电流等级、结构及所用主要材料等分类。

按电力系统分类，分为交流避雷器和直流避雷器。交流避雷器持续运行电压为工频电压；直流避雷器持续运行电压为直流电压或直流电压叠加谐波电压。

交流避雷器按用途分类，主要有电站用、配电用、线路用避雷器。电站用避雷器用于保护变电站的电气设备，如变压器、母线等免受过电压的损害。配电用避雷器用于保护配电网中的电气设备，如配电变压器等免受过电压的损害。线路用避雷器用于保护输电线路免受过电压损害，可有效降低雷击闪络率。

直流避雷器按用途分类，主要有换流阀避雷器（V）、换流变压器阀侧避雷器（T）、桥中点避雷器（MH 和 ML）、直流母线避雷器（CB、DB 和 DL/DC）、中性母线避雷器（EB 和 E1）、交流滤波器避雷器（FA）、直流滤波器避雷器（FD）、桥避雷器（B）、平波电抗器避雷器（DR）等，典型高压直流换流站用避雷器配置如图 4-1 所示。

避雷器按标称放电电流分类，分为 20kA、15kA、10kA、5kA、2.5kA、1.5kA。

避雷器按安装方式分类，分为座式、悬挂式两类。座式避雷器一般安装在固定基础上；悬挂式避雷器一般安装在输电线路或母线塔架上。

避雷器按其所使用的外套材料分类，分为瓷外套避雷器、复合外套避雷器、气体绝缘金属封闭避雷器（GIS 避雷器）。瓷外套避雷器的外套由电瓷材料制成；复合外套避雷器的外套伞裙一般由硅橡胶制成；气体绝缘金属封闭避雷器的外套由钢材或合金铝等金属材料制成。

避雷器按有无间隙分类，分为无间隙避雷器和带间隙避雷器两类。目前金属氧化物避雷器大多为无间隙结构，碳化硅避雷器大多为带串联间隙结构。线路用避雷器大多为外串联间隙结构（由金属氧化物避雷器本体与外串间隙两部分构成）。

带间隙金属氧化物避雷器按间隙的安装位置分类，分为内间隙金属氧化物避雷器和外串联间隙金属氧化物避雷器两类。内间隙金属氧化物避雷器按其间隙与氧化锌电阻片的连接方式分为内并联间隙金属氧化物避雷器和内串联间隙金属氧化物避雷器，其工作原理如图 4-2 所示，一般应用于配电系统等一些弱绝缘的场所。

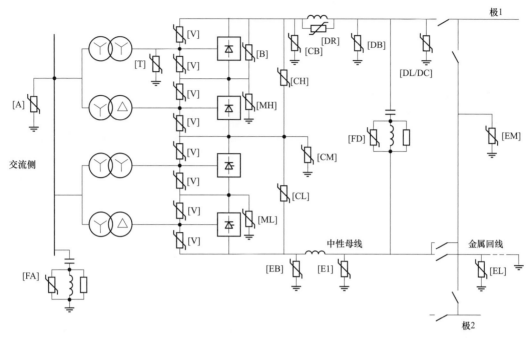

图 4－1　典型高压直流换流站用避雷器配置

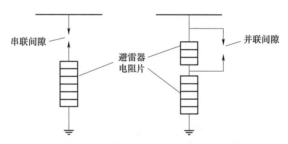

图 4－2　串联间隙避雷器和并联间隙避雷器的工作原理

在电阻片制造技术发展初期，为解决其非线性不够理想的问题，采用避雷器内部串联或并联间隙以获得所需的保护水平。内并联间隙避雷器仅在一些特殊场合应用，即在保护水平要求极低和持续运行电压与动作电压之间裕度小，为了保护避雷器可靠运行，降低荷电率才会采用，由于使用量少，本章只介绍内串联间隙避雷器。外串联间隙避雷器主要是安装于输电线路和变电站的入口，保护交直流输电线路免受雷电过电压损害，减小雷击跳闸率。西安电瓷研究所在 20 世纪 90 年代中后期开发出 500kV 输电线路用无间隙金属氧化物避雷器和外串联间隙金属氧化物避雷器，开始挂网运行，到目前为止，外串联间隙避雷器已广泛应用于 10～1000kV 交流输电线路及 ±400～±1100kV 直流输电线路上。

另外，还有两类与传统避雷器结构方式不同：一类是插拔式；另一类是液浸式。插拔式又分为两种：一种为分离型避雷器；另一种外壳不带电型避雷器。对于分离型避雷器，避雷器的外壳由绝缘材料或屏蔽的导电材料制作，保护内部零部件免受环境影响；对于外壳不带电型避雷器，避雷器的外壳由屏蔽的金属材料或者导电的复合材料制作，与地相连且保护内部零部件免受环境影响。液浸式避雷器的电阻片靠绝缘杆拉紧或装入绝缘外壳中，一段直接安装在变压器油箱中，保护绕组间的绝缘。

## 4.2 金属氧化物避雷器的结构特点

金属氧化物避雷器通常由避雷器芯体和外套构成。避雷器芯体为功能元件，由串并联叠装的氧化锌电阻片和固定件等组成；外套为避雷器芯体提供外绝缘，保护避雷器芯体免受外界环境的影响，并提供机械支撑。如果需要，避雷器还配有均压环、绝缘底座及监测装置。

本节主要介绍以下 7 种避雷器的基本结构特点。

（1）瓷外套无间隙金属氧化物避雷器，用电工陶瓷做外套材料，并具有安装结构和密封结构的避雷器。

（2）复合外套无间隙金属氧化物避雷器，外套采用聚合物或/和复合材料的避雷器。

（3）气体绝缘金属封闭避雷器，气体绝缘金属封闭金属氧化物避雷器，内部没有任何串联或并联放电间隙，并充以一定压力不同于空气的气体，如 $SF_6$ 气体。

（4）分离型及外壳不带电型避雷器，分离型避雷器安装在提供系统绝缘的绝缘套或屏蔽外套内。外壳不带电型避雷器安装在绝缘套和导电接地屏蔽的屏蔽外套内。

（5）液浸型避雷器，是指浸在绝缘液体中的避雷器。

（6）内串联间隙避雷器，一般应用于配电系统等一些弱绝缘的场所。

（7）外串联间隙避雷器，主要应用在输配电线路上，防止绝缘子在雷电过电压下闪络，可减少系统跳闸率。

### 4.2.1 瓷外套无间隙金属氧化物避雷器

瓷外套无间隙金属氧化物避雷器（简称瓷外套避雷器）通常由避雷器元件、均压环、绝缘底座等组装而成，高电压等级避雷器一般由多个避雷器元件串联组成。避雷器元件由氧化锌电阻片组成的芯体封装在瓷外套内构成，在高电压等级的避雷器的顶端安装为改善避雷器电压分布而设计的均压环，底部有为安装监测装置而设置的瓷绝缘底座，1000kV 瓷外套避雷器如图 4-3 所示。

避雷器元件通常设置压力释放装置和密封装置。瓷外套除了保护芯体部分免受环境影响外，还提供外绝缘和机械支撑，瓷外套伞形与避雷器的防污等级有关，避雷器的伞形选择在本书第 5 章中详细介绍。

避雷器芯体由电阻片串联叠装组成，并由绝缘件固定。电阻片一般为圆柱形或者环形，电阻片厚度一般为 20～40mm，直径一般为 30～136mm。避雷器可采用多柱电阻片并联，以提高避雷器的吸收能量，降低避雷器的残压低。瓷外套无间隙金属氧化物避雷器局部剖视图如图 4-4 所示。

避雷器密封装置是避雷器关键的结构之一。密封装置的作用是阻止周围环境中的潮气和水分进入避雷器内部，引起内部受潮，造成避雷器内部短路故障。密封圈的材料通常为三元

图 4-3　1000kV 瓷外套避雷器

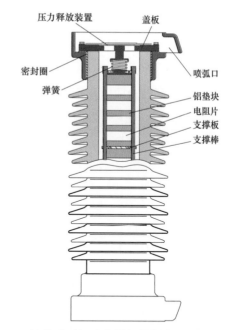

图 4-4　瓷外套无间隙金属氧化物避雷器局部剖视图

乙丙橡胶和丁基橡胶。为保证避雷器的可靠密封，瓷套端面和压板密封面的表面粗糙度及密封圈压缩量的控制都十分关键。

压力释放装置作用是在避雷器内部故障时其快速动作释放瓷套内部的压力，避免瓷套因内部压力增大而爆炸。图 4-5 为瓷外套避雷器密封装置示意图。通常，在避雷器元件两端设置压力释放板，压力释放板的材料一般由覆铜板或镍合金材料制成。瓷套两端设有喷弧口，当避雷器在内部发生短路故障时，高压气体及电弧能够迅速冲开压力释放板，通过喷弧口及时泄放掉。

避雷器的均压环用以补偿对地杂散电容造成的电压分布不均，其等效电路如图 4-6 所示。不同电压等级避雷器配置的均压环的直径和罩入深度不同，一般情况下均压环直径越大，罩

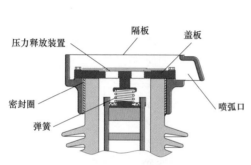

图 4-5　瓷外套避雷器密封装置示意图

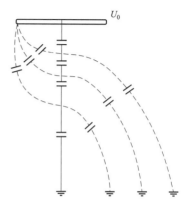

图 4-6　装有均压环避雷器的等效电路

入深度越深，对电压分布的控制效果越好。

为监测避雷器的运行状态参数，避雷器串接监测装置后接地，需要在避雷器下部设置绝缘底座，绝缘底座必须能够承受长期的机械力并有足够的绝缘强度。

### 4.2.2 复合外套无间隙金属氧化物避雷器

复合外套无间隙金属氧化物避雷器（简称复合外套避雷器）是指用聚合物和（或）复合材料做外套的无间隙金属氧化物避雷器，常见是用硅橡胶与 FRP 复合材料作为外套。与其他材料相比，硅橡胶具有憎水特性，即使硅橡胶表面受到严重污染，水滴也不会附着在外套表面，这抑制了导电层的形成，保证了避雷器在污秽环境条件下的电气性能。复合外套避雷器重量远低于瓷外套避雷器，在运输和安装过程中易于搬运，这也是复合外套避雷器在线路保护中普遍应用的原因。

复合外套避雷器在结构设计上可分为三大类：

第一类笼式结构，采用环氧玻璃丝绝缘拉杆作为电阻片柱的紧固件和机械支撑。绝缘拉杆布置在电阻片柱四周，其中电阻片本身也是机械结构的一部分，基结构示意图如图 4-7 所示。硅橡胶外套通过模具直接成型在电阻片柱上，电阻片和外套之间无气隙，利用聚合物材料本身实现密封。在避雷器发生过载短路时，由于电阻片击穿或闪络形成的电弧将硅橡胶外套撕开，电弧就会向外喷出，不存在外套猛烈爆裂的风险。

第二类缠绕结构，在电阻片柱表面缠绕环氧玻璃丝带，并预制薄弱点，环氧玻璃丝带固化后与电阻片一起提供机械支撑。如图 4-8 所示，硅橡胶外套通过模具直接成型在环氧玻璃丝带缠绕的电阻片上，同笼式结构一样电阻片和外套之间无气隙，利用聚合物材料本身实现密封。在避雷器发生过载短路时，由于电阻片击穿或闪络形成的电弧通过环氧玻璃丝带缠绕时预设的薄弱点将硅橡胶外套撕开，电弧向外喷出，不存在外套猛烈爆裂的风险。

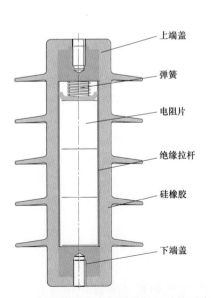

图 4-7 笼式结构复合外套避雷器结构示意图

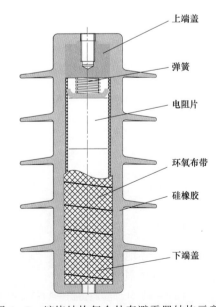

图 4-8 缠绕结构复合外套避雷器结构示意图

第三类管式结构，管式结构分为两种类型。第一种类型结构为低电压等级产品，电阻片直接安装在绝缘管内，依靠弹簧压紧，绝缘管两端连接金属端块，装配好的芯体外部整体一次模压硅橡胶外套，其结构示意图如图 4-9 所示。第二种类型结构为高电压等级产品，随着产品结构加大，对外套的弯曲强度提出了更高要求，前几类设计很难满足机械强度的要求，因此，对高电压等级的避雷器外套通常采用高强度环氧管浇筑金属法兰的结构。避雷器内部结构设计与瓷外套避雷器基本相同，其本质只是空心瓷绝缘子被空心复合绝缘子所取代。空心复合绝缘子是将硅橡胶直接模压在环氧玻璃纤维管上，对于空心复合绝缘子，在本书第 5 章详细介绍。由于在设计中（或应用中）环氧玻璃丝管长度和直径可以在较大范围内自由选择，可以通过调节玻璃纤维的相对含量或纤维的缠绕角度来满足空心绝缘子的拉伸强度、弯曲强度和内部压强的不同要求，这种设计在高电压等级避雷器中应用具有相当大的优势。高压复合外套避雷器运行如图 4-10 所示。

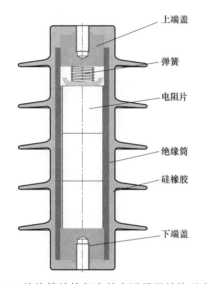

图 4-9　绝缘筒结构复合外套避雷器结构示意图　　　图 4-10　高压复合外套避雷器运行

复合外套避雷器管式结构第二种类型结构的压力释放结构与瓷外套避雷器的压力释放结构相同，当避雷器在内部发生短路故障时，高压气体及电弧能够迅速冲开压力释放板，通过喷弧口及时泄放掉。由于避雷器外套的环氧玻璃纤维管具有耐电弧烧蚀特性，因此，压力释放时避雷器外套不会发生破损现象，具有更佳的安全保障。

### 4.2.3　气体绝缘金属封闭避雷器

气体绝缘金属封闭避雷器，又称 GIS 避雷器，具有单相单罐和三相共罐结构。GIS 避雷器不受外部污秽、海拔环境的影响，具有结构紧凑、可靠性高等特点，主要用于城市变电站、高海拔及重污秽等地区。GIS 避雷器运行如图 4-11 所示。

GIS 避雷器由氧化锌电阻片、均压屏蔽罩、导电杆、导电触头、盆式绝缘子、金属壳体等组装而成，其结构示意图如图 4-12 所示。在高电压等级中避雷器芯体可采用盘旋式布置，以降低产品高度。通过盆式绝缘子与其他设备连接，盆式绝缘子为连接导电杆提供绝缘支撑和不同间隔气室的隔绝。

图 4-11　GIS 避雷器运行

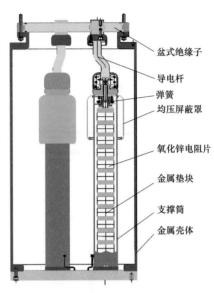

图 4-12　罐式避雷器内部结构示意图

GIS 避雷器外壳一般采用碳钢板、合金铝板卷焊或管材，选用壳体材料时应考虑材料强度、壳体直径、可焊接性、壳体成本等因素，焊接后的壳体内部焊缝要磨光，内表面应进行喷丸处理并涂环氧底漆。

GIS 避雷器内部充有六氟化硫（$SF_6$）气体，$SF_6$ 气体有较强的吸附电子能力，其吸附电子的能力是空气的几十倍，因此具有优良的绝缘性能，为保证 GIS 避雷器内部有足够的绝缘强度，罐内一般充有 0.4～0.6MPa 的 $SF_6$ 气体。为防止 GIS 避雷器内部故障短路时，内部气压急剧增高破坏罐体，罐体上都装有压力释放装置，其爆破片通常为金属爆破片，爆破片动作压力为 0.8～0.9MPa。GIS 避雷器压力释放装置如图 4-13 所示。

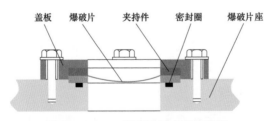

图 4-13　GIS 避雷器压力释放装置

### 4.2.4　分离型和外壳不带电型避雷器

分离型和外壳不带电型避雷器是两种不同设计的避雷器，它们的特点是通过滑动触头和插头分别与系统连接，具有结构紧凑、安装占地空间小等特点。适用于充气开关柜和配有插入式套管变压器的保护，以限制来自电缆和传输线之间侵入的瞬态过电压。

外壳不带电型避雷器的外壳由屏蔽的金属材料或者导电复合材料制作并与地相连接，主要用于低压配电设备及回路中，它是可以在带电状态下安装或移出的避雷器。该避雷器在美国使用比较普遍，国内使用较少，本书不再做详细介绍。

分离型避雷器通常在欧洲普遍使用，国内也大量使用，其外壳是复合绝缘材料或屏蔽的导电材料。避雷器在接入或移出系统时，必须是在断电情况下进行。分离型避雷器的外形如图 4-14 所示。

分离型避雷器主要由电阻片芯体、硅橡胶绝缘层、半导电层、金属外壳、硅橡胶绝缘插头、压力释放装置组成。分离型避雷器芯体结构示意图如图 4-15 所示，电阻片芯体由串联叠装的氧化锌电阻片和固定件组成，通常采用笼式结构和缠绕结构，硅橡胶直接成型在电阻片柱或缠绕环氧玻璃丝的电阻片柱表面，芯体具有一定的机械强度，由硅橡胶绝缘护套密封，该护套作为芯体对金属外壳的绝缘。硅橡胶绝缘层与金属外壳之间有一层半导体绝缘层，主要用来改善两种材质界面之间的电场。其金属外壳接地，以保证操作人员的安全。

图 4-14　分离型避雷器的外形

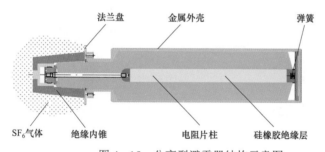

图 4-15　分离型避雷器结构示意图

分离型避雷器高压端的绝缘插头的设计应与充气柜内锥插件尺寸相配合。内锥插件的尺寸应符合相关标准要求，根据电压等级一般分为 1~4 号。插接好的避雷器通过金属外壳的法兰与充气柜法兰盘对接紧固。

分离型避雷器设有压力释放装置，在内部发生故障时，高压气体及电弧能够迅速冲击避雷器底部压力释放装置，通过避雷器底部的轴向释放压力，而不会对插入式系统造成任何损害。

### 4.2.5　液浸型避雷器

液浸型避雷器一般直接安装在变压器油箱中，紧靠被保护绕组，可以避免由于行波过程造成的距离效应。它可以设计成带外壳式或用绝缘拉杆拉紧不带外壳式,不带外壳的液浸型避雷器为避免绝缘油进入电阻片界面之间,对电阻片表面的平面度、平行度要求都非常高。由于放在热油中运行,须解决材料的耐油老化问题,同时避雷器必须进行 7000h 的加速老化试验,来验证避雷器在油中运行的稳定性。液浸型避雷器结构示意图如图 4－16 所示。

### 4.2.6 内串联间隙避雷器

避雷器芯体由叠装的电阻片柱和放电间隙串联而成,间隙结构一般为多个串联的平板间隙或单个瓷环间隙,外套通常为瓷外套或复合外套。除了芯体结构外,其余部分与瓷外套避雷器和复合外套避雷器相同,其结构示意图如图 4－17 所示。

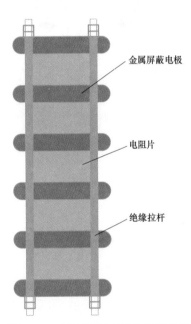

图 4－16　液浸型避雷器结构示意图

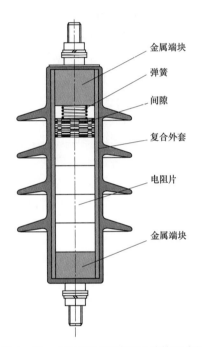

图 4－17　内串联间隙避雷器结构示意图

### 4.2.7 外串联间隙避雷器

外串联间隙避雷器由避雷器本体和长空气间隙串联而成。其主要结构类型分为纯空气间隙和绝缘子固定间隙结构,避雷器本体结构与复合外套避雷器相同。纯空气间隙避雷器由避雷器高压端接的电极和导线上安装的电极构成放电间隙,间隙间无支撑物,形成纯空气间隙,安装时必须用安装支架将避雷器置于导线正上方或下方,其结构示意图如图 4－18 所示,运行现场如图 4－19 所示。绝缘子固定间隙避雷器由与避雷器串接的绝缘子两端连接的电极构成放电间隙,由于间隙距离已经靠绝缘子定死,安装方式相对灵活,只要将避雷器接于高压导线与杆塔接地之间即可,但应注意保持避雷器与杆塔之间的绝缘距离,其结构示意图如图 4－20 所示,运行现场如图 4－21 所示。

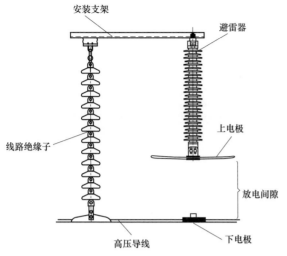

图4-18　纯空气间隙避雷器结构示意图

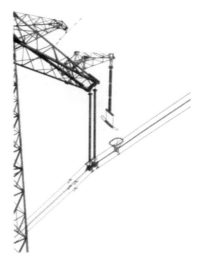

图4-19　纯空气间隙避雷器运行现场

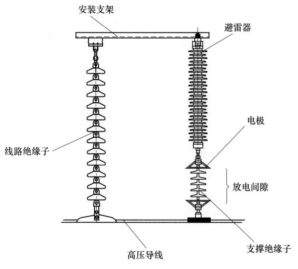

图4-20　绝缘子固定间隙避雷器结构示意图

图4-21　绝缘子固定间隙避雷器运行现场

## 4.3　金属氧化物避雷器的关键特性

金属氧化物避雷器广泛应用于高压交直流系统，保护发电站、变电站、输电线路和最终用户电气设备，由于工作于各种环境之下，受到各种电应力、机械负荷和环境条件的影响。因此，避雷器必须具备相应的特性，以满足相应使用场合的要求。

### 4.3.1　避雷器电气特性

电力系统中可能出现的过电压、电气设备绝缘耐受和避雷器保护水平的相互关系如

图 4－22 所示，这也是避雷器在电力系统中需经受的电应力。图 4－22 中表示出避雷器快波前过电压的保护特性，即微秒级的大气过电压（雷电过电压）的保护特性；避雷器慢波前保护特性，即毫秒级的操作过电压的保护特性；避雷器秒级的暂态过电压耐受特性，同时还展示了长期工作电压（持续运行电压）与系统最高电压的关系。

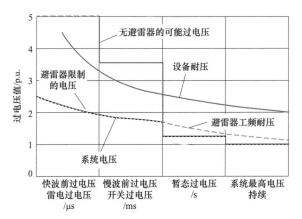

图 4－22　电力系统中避雷器的电应力

图 4－23 是避雷器伏安特性曲线，是避雷器在过电压和持续电压应力下的电流电压关系，也是避雷器设计和选型的基础。图中避雷器参考电压对应参考电流为毫安区域，一般为 1mA

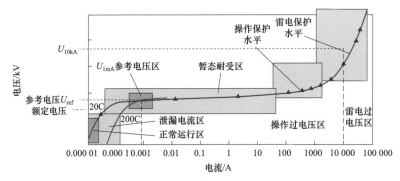

图 4－23　避雷器伏安特性曲线

至数十毫安；额定电压选取一般不高于参考电压，对应电流一般小于参考电流；避雷器暂态耐受电压大于或等于额定电压，电流一般在毫安级到几百安；操作保护水平对应的电流一般为几十安到几千安，反映了避雷器慢波前保护特性；雷电保护水平对应的电流一般为几千安到上百千安，反映了避雷器快波前保护特性。

### 4.3.2　避雷器雷电冲击过电压特性

　　雷电冲击过电压是电力系统常见的过电压，是电力系统内的电气设备和地面上的建筑物与构筑物遭受直接雷击或雷电感应时产生的过电压，直接雷击及雷电感应产生的过电压的冲击电压波幅值可高达几百千伏，对电力系统，特别是输电系统造成威胁。尽管每一次雷电电流波形存在很大的随机性，但各种雷电波形总体的轮廓相似，为单极性，其负极性电流峰值大多在 20～50kA，正极性电流峰值在 100kA 以上。为了工程设计和计算实际需要，通常采用双指数曲线来等值描述雷电电流波形，如图 4-24 所示。

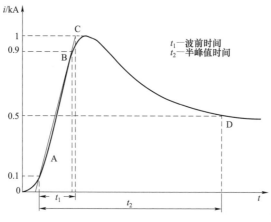

图 4-24　标准雷电电流波形

冲击电流的波形，用"波前时间/波尾时间"以及冲击电流峰值来表述，在避雷器标准中规定 8/20μs 为避雷器在雷电冲击放电波形，是避雷器标称放电电流波形，也是避雷器分级的基本参数；1/4μs 为陡波冲击放电波形，用于表征对特快冲击过电压的保护水平；4/10μs 为大电流冲击放电波形，用于表征避雷器对直击雷的耐受能力。对应的电压波形为残压波形，残压峰值为避雷器对应电流波形下的残压值，如图 4-25 所示。

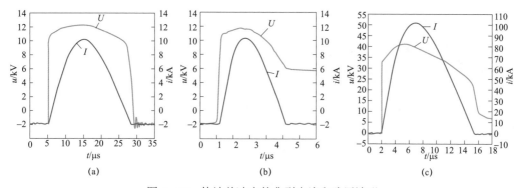

图 4-25　快波前冲击的典型电流和残压波形

（a）8/20μs 冲击电流和残压波形；（b）1/4μs 陡波冲击电流和残压波形；（c）4/10μs 大电流冲击放电电流和残压波形

避雷器在各种冲击电流下的残压高低是避雷器最重要的特性之一，在通过避雷器的电流或释放的电荷相同的条件下，其电压越低，保护特性越优越，被保护的对象越安全。

### 4.3.3　避雷器操作冲击过电压特性

操作冲击过电压是电力系统内部过电压的一种，形式和产生的原因有多种，通常情况下频率小于 1kHz，持续时间为毫秒级，在系统状态改变、开关投切时产生，如在进行投切容性负载和空载线路、切断感应负载等操作时产生。图 4-26 所示是电力系统典型的操作过电压。依据系统接地方式的不同，避雷器选型会考虑避雷器安装处的内部过电压情况，抑制由开关动作或切除故障产生的操作过电压。在避雷器标准中操作冲击电流波形波前 30~100μs，波尾为波前的两倍。

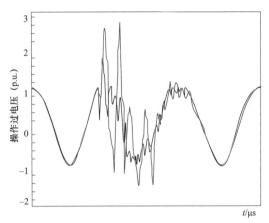

图 4-26　电力系统典型的操作过电压

避雷器作为过电压限制装置，在系统产生操作过电压超过避雷器动作电压时，避雷器导通而限制过电压，避雷器吸收能量而发热。如果操作过电压的峰值和持续时间足够长，会超过避雷器的极限而损坏。避雷器限制操作过电压而消耗的能量可以按相关标准计算。图 4-27 所示是避雷器操作电流冲击下的残压波形，图 4-28 所示是不同电压等级的电力系统中，操作过电压水平和注入避雷器能量的关系。

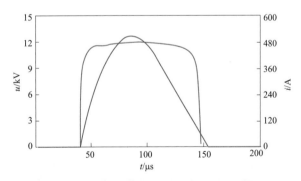

图 4-27　避雷器操作电流冲击下的残压波形

避雷器各种电流冲击波形下的保护水平是指在该电流冲击下避雷器两端的电压值，有三个重要的因素会使施加在被保护设备上的过电压水平超过避雷器的保护水平，影响避雷器的保护效果。

（1）与被保护设备的距离。避雷器安装的位置距离被保护设备越近越好，距离越近，加在被保护设备上的过电压越接近避雷器保护水平。在实际使用中，避雷器安装的位置往往距

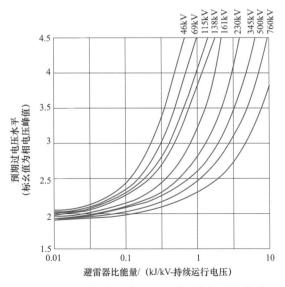

图 4-28　操作过电压和注入避雷器能量的关系

被保护设备有一定的距离。操作过电压对安装距离相对不敏感。对于快波前过电压，避雷器与被保护设备的安装距离会使加在设备上的过电压超过避雷器保护水平，甚至超过到较高水平。因此，避雷器保护范围是有要求的，相关标准有详细的说明和估算。

（2）连接导线和接地线的长短。连接导线和接地线的电感，在快波前冲击下产生的额外电压不可忽略。图 4-29 所示是保护电缆头避雷器引线对避雷器保护水平所产生的影响。

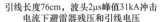
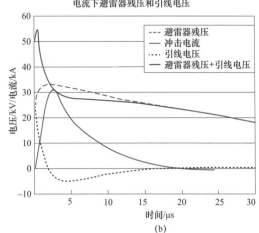

图 4-29　保护电缆头电避雷器引线和残压关系

（a）保护电缆头电避雷器安装；（b）引线和避雷器上的冲击残压

在 2μs，31kA 冲击电流下，引线长约 76cm，避雷器残压 32kV，由于引线的影响，会使加在被保护对象（电缆端头）上的实际过电压达到 55kV。

（3）实际放电电流超过避雷器的标称放电电流。当这种情况发生时，避雷器可能能够耐受，但残压会升高，电流增加一倍，残压升高 3%～15%。

如果涉及的使用场所有特殊的快速波，如快速波前过电压，或避雷器安装距离与被保护设备较远，需要在选择避雷器时进行核算，具体算法可参照相关标准。

### 4.3.4 避雷器暂态过电压下的特性

暂态过电压（TOV）是一种持续时间相对较长、无阻尼或阻尼较弱的相地或相间的振荡状态。对金属氧化物避雷器而言，暂态过电压耐受是最关键参数之一，在 GB/T 11032—2020《交流无间隙金属氧化物避雷器》的动作负载试验时，能耐受 10s 时间的最高工频电压定义为避雷器的额定电压，是确定避雷器是否可用于某特定安装场所的关键参数。

影响避雷器暂态过电压耐受能力的因素有：注入避雷器的能量大小、环境温度和暂态过电压持续时间长短。制造厂商都提供避雷器的暂态过电压—时间关系曲线。图 4-30 所示是常见的避雷器暂态过电压耐受曲线。图中 $T_r = U/U_r$，是所加电压 $U$ 与避雷器额定电压 $U_r$ 的倍数，$T_c = U/U_c$ 是所加电压 $U$ 与避雷器持续运行电压 $U_c$ 的倍数。$U_c$ 大约是 $U_r$ 的 0.8 倍。在使用时，避雷器的 $T_rU_r$ 或 $T_cU_c$ 应大于或等于避雷器安装场所能出现并持续相应时间的最高电压值。

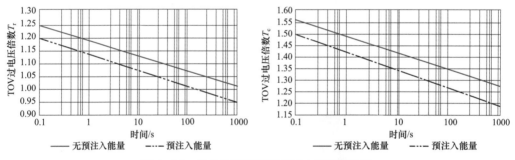

图 4-30 常见的避雷器暂态过电压耐受曲线

### 4.3.5 避雷器的热稳定与动作负载特性

避雷器在运行中，受到超过其额定电压冲击而动作时，电阻片温度会瞬时升高，同时，系统也会持续施加运行电压，在这种工况下，避雷器应保持热稳定。在避雷器的型式试验中也有专门的动作负载试验，要求避雷器应能耐受操作冲击的能量或者雷电冲击的转移电荷，且在接下来施加的暂时过电压和持续运行电压的情况下能够热稳定，即由于避雷器动作引起温度上升后，在规定的环境条件下，氧化锌电阻片的温度能随时间而降低的状态（见图 4-31 中下交点和上交点间）。当避雷器的持续功率损耗超过避雷器的散热能力时（超过图 4-31 中上交点），引起氧化锌电阻片的温度的持续升高而最终导致损坏的热崩溃状态。

在 GB/T 11032—2020《交流无间隙金属氧化物避雷器》标准中，用额定热转移电荷（配电型避雷器）或额定热能量（电站型避雷器）来表征避雷器在动作负载试验中的承受能力。在动作负载的热恢复试验中，若 3min 内通过避雷器转移电荷或注入能量而不会引起避雷器热

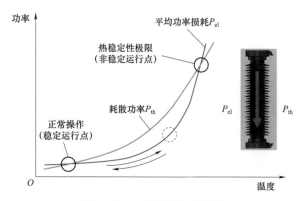

图 4-31　避雷器的热平衡

崩溃，则表明避雷器在吸收该额定能量下可以保持热稳定。

一般热稳定极限在电阻片温度为 190～250℃。影响避雷器的热稳定性的因素除了外部条件，如施加电压或荷电率、温度等外，还有避雷器的结构和电阻片的性能。在外部环境、施加电压和避雷器结构相同的条件下，电阻片的漏电流越小，避雷器的工频耐受特性、动作负载特性和保持热稳定的能力越好。换个角度来看，在外部环境和避雷器结构相同的条件下，电阻片的漏电流越小，避雷器可施加的电压（荷电率）和能量耐受或电荷转移能力更高。一般来说，室温下电阻片漏电流小，在注入能量或转移电荷使温度升高（见图 4-32）后，电阻片漏电流也会小，能够保持热稳定的温度越高，动作负载的能力越强。

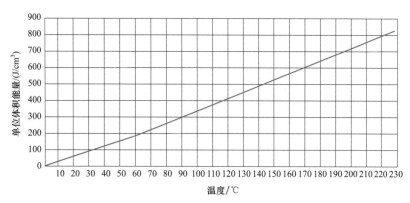

图 4-32　电阻片单次注入能量与温度的关系

关于避雷器的能量耐受能力的问题，在新版的 IEC 标准和国标中区分了热能量耐受能力和冲击能量耐受能力。

热能量耐受能力是指上面讨论的热稳定条件下避雷器能够耗散的能量或释放的电荷，其判断的标准是避雷器的热稳定性。

冲击能量耐受能力反映的是电阻片在单次注入能量、多重注入能量或重复注入能量的条件下的能量耐受能力。单次注入能量是指一次注入电阻片失效或达到某失效概率的能量。多重注入是指多次注入时间间隔短到电阻片中温度达不到均匀一致的连续多次注入能量；重复注入是指注入时间间隔足够到电阻片冷却到初始温度。在判断冲击能量操作能力的失效判据中有两种，一种是简单判断电阻片是否破坏（开裂、闪络和击穿），另一种是电阻片是否破坏并测量电阻片电气参数的变化，如参考电压或/和残压的变化率。不同的注入能量方式和判断依据，会使同一种电阻片冲击能量耐受值差异很大。

在新版的 IEC 标准和国标中，采用了额定重复转移电荷来表征电阻片的冲击能量耐受（操作）能力，而且判断电阻片是否失效的标准采用了电阻片是否破坏并测量电阻片电气参数变化的判据，标准中规定参考电压和残压变化率不超过 5%，参考电压变化率更加敏感。

### 4.3.6 避雷器机械特性

避雷器有垂直、水平、悬挂安装等多种安装方式，避雷器的机械应力与安装结构和外力密切相关，可分为静载荷和动载荷。

（1）静载荷。包括由于环境温度变化或线路导体的热膨胀而施加在避雷器上的热膨胀载荷，以及安装过程中的载荷、风荷载、雪荷载和导线拉力。

避雷器一般采用柔性连接与导线或设备连接，避免热膨胀载荷。避雷器应耐受其他静载荷，耐受能力通常由避雷器的弯曲强度和拉伸强度来评估，相关标准中有规定。

（2）动载荷。包括运输过程的振动、悬挂式避雷器悬挂振动和地震荷载。运输车辆颠簸、刹车等产生的振动，一般通过实际的运输测试来评估避雷器承受这些负载的能力。当运输过程中预计会发生较大的冲击时，可使用冲击指示标或振动仪表来监测。

悬挂式避雷器会由于风或输电线路的振动而出现连续振动。一般振动加速度不大，避雷器本体的这种载荷很小，但是需要考虑引线和避雷器悬挂部分的长期可靠性。

当避雷器安装在可能发生较大地震烈度的地区时，应专门考虑地震荷载，相关标准做了具体规定。

### 4.3.7 避雷器密封性能

避雷器应有可靠的密封。在避雷器寿命期间内，不应因密封不良而影响避雷器的运行性能。对于具有密封的气体容积和具有独立的密封系统的避雷器，避雷器的密封泄漏率应符合标准的规定。对于无封闭气体空间和独立密封系统的避雷器，试验时应采用抽气浸泡法或其他有效的方法。

密封结构对于维持避雷器电气性能的稳定有着极重要的意义。一般橡胶密封件是密封结构中的主体，为确保密封长期有效，要求橡胶密封件能保持受压状况下的弹性、永久变形小。常用的材料有丁基橡胶、三元乙丙橡胶和硅橡胶等。在有的密封结构中，为防止雨水在法兰内侧密封圈附近积聚，避雷器上端法兰设有一个或数个流水孔，这样可避免雨水对铁件的锈蚀以及有害气体溶于水后腐蚀橡胶和密封槽。避雷器的密封可靠性与橡胶制品的压缩量有很大关系，通常压缩量控制在 15%～35%，橡胶能够在长期工作中保持与接触面之间具有足够的弹力，不致使密封失效。

### 4.3.8 避雷器防爆性能

避雷器安装位置附近遭受直接雷击或遭受其他意外的工频过电压时，避雷器可能会过载而引起内绝缘破坏。在一些特殊的应用中，为了控制造价和保护主设备，避雷器被设计成"牺牲品"，当动作时过载而使内绝缘破坏；或避雷器本身的质量问题，如密封问题而使内绝缘破坏。当避雷器因内绝缘破坏而引起内部短路时，在工频短路电流的作用下，避雷器内部气体会产生很高的气压，避雷器通过压力释放装置释放压力，压力释放时，会在避雷器两个法兰之间产生外部电弧短路通道，避雷器压力释放示意图如图 4-33 所示。

压力释放装置是避雷器的一个重要组成部分，它可在避雷器内部出现故障，或避雷器在运行中遇到无法承受负载时，迅速动作，释放灼热高压气体，避免避雷器内部压力继续增高引起剧烈的爆炸事故，以确保附近设备及人员的安全。在特殊情况下，如避雷器同时作为支柱使用时，避雷器压力释放后还应保持相应的机械特性。

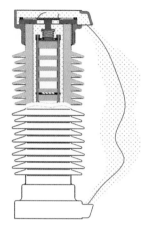

图 4-33　避雷器压力释放示意图

### 4.3.9　避雷器污秽

如何评估避雷器外套的污秽对避雷器运行的影响是一个未完全解决的问题，总的来看，污秽对避雷器的影响有三种风险。

（1）引起避雷器外套闪络（见图 4-34 中 1）。这种情况可以根据 GB/T 4585—2004《交流系统用高压绝缘子的人工污秽试验》来验证，或按照 IEC 60815、GB/T 26218—2010《污秽条件下使用的高压绝缘子的选择和尺寸确定》系列标准的设计来保证。

（2）对于多元件瓷外套避雷器，由于外套表面的污秽作用而导致电压分布变化，可能会引起电阻片的温度升高（见图 4-34 中 2）。已在 IEC 60099-4：2014 的附录 C 中给出试验验证方法。但对于复合外套避雷器，目前尚未规定类似的试验程序；

（3）避雷器必须耐受由于污秽作用导致外套表面的电压分布变化，从而使避雷器径向电场升高，可能产生内部径向局部放电（见图 4-34 中 3），局部放电会引起电阻片或内部支撑件的性能劣化，目前尚无相关的试验验证程序。

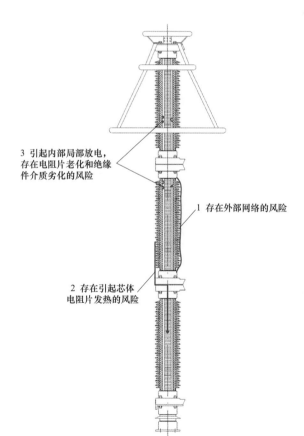

3 引起内部局部放电，存在电阻片老化和绝缘件介质劣化的风险

1 存在外部网络的风险

2 存在引起芯体电阻片发热的风险

图 4-34　外套污秽对避雷器可能产生的影响

# 第5章　避雷器用空心绝缘子

绝缘子一般由固体材料制成，安装在不同电位的导体或导体与接地构件之间，起到电绝缘和支撑作用，是电力系统中的绝缘结构件。绝缘子的种类繁多，形状各异，不同类型绝缘子的结构和外形虽有较大差别，但一般由绝缘件和连接金具两大部分组成。本章主要介绍避雷器用空心瓷绝缘子和空心复合绝缘子。

## 5.1　绝缘子的种类、特性和用途

（1）分类。按照使用的绝缘材料不同，绝缘子可分为瓷绝缘子、玻璃绝缘子和聚合物绝缘子（polymeric insulator），常见的硅橡胶外套和绝缘 FRP 芯棒或管组成的绝缘子叫作复合绝缘子（composite insulator），是聚合物绝缘子的一种。

瓷绝缘子是指绝缘件由电工陶瓷制成的绝缘子。电工陶瓷由石英、长石和黏土做原料烧制而成。瓷绝缘子的瓷件表面通常以瓷釉覆盖，以提高其机械强度，防水浸润，增加表面光滑度。在各类绝缘子中，瓷绝缘子使用最为普遍。

玻璃绝缘子绝缘件由经过钢化处理的玻璃制成的绝缘子，目前以线路悬式绝缘子为主。

复合绝缘子也称合成绝缘子，其绝缘件由玻璃纤维增强树脂芯材和有机材料的护套及伞裙组成的绝缘子，国内大多采用硅橡胶。复合绝缘子其特点是尺寸小、重量轻，抗拉强度高，抗污秽闪络性能优良。但抗老化能力不如瓷绝缘子和玻璃绝缘子，已被广泛使用。复合绝缘子包括棒形悬式绝缘子、绝缘横担、支柱绝缘子和空心绝缘子。

按照使用场合不同，可分为线路绝缘子、电站绝缘子、套管等。线路绝缘子可分为悬式、棒型悬式、针式、横担绝缘子等。电站绝缘子可分为支柱、空心绝缘子和套管。

按照使用电压等级不同，可分为低压绝缘子和高压绝缘子（高于 1000V）。

按照绝缘件击穿形式不同，可分为不可击穿型绝缘子和可击穿型绝缘子两类。

（2）特性及用途。由于绝缘子使用场所众多，所以对绝缘子的力学性能、电气性能和热学性能有较高的要求。绝缘子在运行过程中要承受导线的自重、覆冰重量、风力、设备操作时的机械力、电动力、地震力等的作用，因此，绝缘子的机械性能具有十分重要的意义，在某些情况下甚至成为制造和运行中的焦点问题。各种绝缘子的力学性能要求因种类不同或使用场合不同，有较大的差别，但都在拉、压、弯和扭四种或四种组合受力状态（振动状态考虑不多），即需要确定绝缘子的拉伸强度、弯曲强度和扭转强度，对于空心绝缘子还有内压强要求。绝缘子需要承受正常运行条件下的长期的工频持续电压的作用，还要承受操作过电压、雷电或感应雷电压，以及电力系统其他内部过电压的作用，为了保证绝缘子在运行过程中不被击穿，要求其具有良好的电气性能。这些电气性能主要有工频闪络特性、雷电冲击特性、操作冲击特性和工频电压耐受等；绝缘子的热学特性主要是指绝缘子抗热震的能力，绝缘材料和金属附件、胶合剂的膨胀系数相差较大，所以绝缘子的抗热震性能是一个必须要求的性能，尤其是瓷绝缘子和玻璃绝缘子。在实际使用中，绝缘子经常会遇到温度突然变化的情况，如季节昼夜的交替、在夏天烈日下的雷阵雨、电弧等。

除了上述三大性能外，绝缘子的防污特性是绝缘子设计、制造和使用的重要特性。在工业污染严重的区域、烟尘较大（水泥厂、发电厂等）和沿海盐雾大的地区，绝缘子表面绝缘性能受表面污秽和气象条件影响很大。绝缘子伞型结构对防污特性有较大影响，这在 GB/T 26218.1-4《污秽条件下使用的高压绝缘子的选择和尺寸确定》中做了具体规定。

空心绝缘子（hollow insulator）主要包括空心瓷绝缘子和空心复合绝缘子。空心绝缘子除了提供外绝缘和支撑外，还可作为容器，在多种电气设备中使用，如互感器、避雷器、断路器、电容式套管和电缆终端等。

## 5.2　空心瓷绝缘子

空心瓷绝缘子，习惯称为瓷套，即瓷体是两端贯通的绝缘子，如图 5-1 所示。与其他瓷绝缘子一样由上釉瓷件、金属连接附件（铸铁或铸铝法兰）和黏合金属附件与瓷体的胶合剂组成，此外，为了保证有足够的粘接强度，在连接部位的瓷表面往往还上一层特种砂。高压瓷绝缘子胶合剂大多是水泥胶合剂，在连接金属附件中起到关键作用。瓷砂粘附于瓷体上，起到传递机械负荷的作用，如何保证瓷砂与瓷体、釉、上砂釉在性能（热膨胀系数和化学性质的相容性）上的合理搭配，是电瓷产品一个非常重要的问题。

图 5-1　避雷器用空心瓷绝缘子

瓷体是由长石、石英、黏土和矾土等天然矿物原料，按照一定的配比，用与传统陶瓷基本相同的各种加工工艺而获得的陶瓷制品。按照工艺的不同，分为湿法和干法。干法有干压和等静压之分，湿法包括修坯和旋坯等，其工艺流程图如图 5-2 所示。等静压生产从生产棒型支柱发展到空心瓷绝缘子，避雷器空心瓷绝缘子的生产两种工艺都有，等静压生产工艺生产周期短，设备投资高。

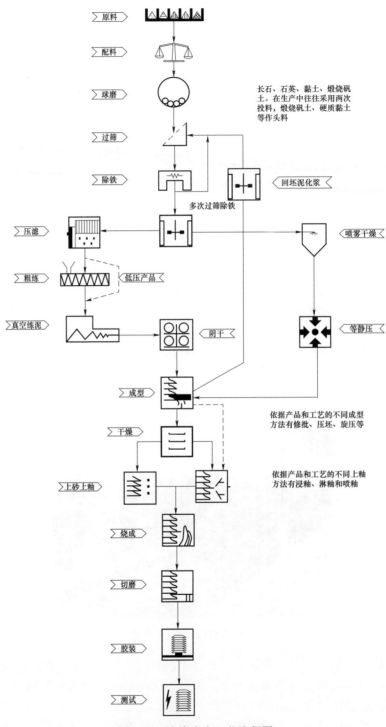

图 5-2 电瓷生产工艺流程图

### 5.2.1　瓷绝缘子材料特性

国家标准 GB/T 8411—2008《陶瓷玻璃绝缘材料》中依据成分和性能，将陶瓷和玻璃绝缘材料共分成九组陶瓷材料，七组玻璃材料，一组玻璃陶瓷材料和一组玻璃结合云母材料。其中电瓷材料被分为两大类、六小类，一大类是硅质电瓷材料，另一大类是铝质电瓷材料。硅质电瓷材料有普通瓷 C100、C120 和方石英瓷 C112、干压成型普通瓷 C111；铝质电瓷材料分为中强度铝质瓷 C121 和高强度铝质瓷 C130 六种，见表 5-1。其中高压电瓷中用到 C100、C112、C120、C121、C130 五种，低压复杂形状电瓷产品通常用 C111 类。电瓷材料的分类是按电瓷材料的机械强度和材料中 $Al_2O_3$ 含量的多少来进行的。

表 5-1　　　　　　　　　　　　　　电 瓷 材 料 的 分 类

| 亚组 | 材料类型 | 组成 | 其他特性 | 主要用途 |
|---|---|---|---|---|
| C 100 | 硅质瓷<br>可塑工艺 | 石英基<br>长石熔剂 | 不渗透<br>可无釉使用 | 高张力负荷和低张力负荷绝缘子 |
| C 111 | 硅质瓷<br>压制工艺 | 石英基<br>长石熔剂 | 有一定的开口气孔<br>通常需上釉 | 低张力负荷绝缘子 |
| C 112 | 方石英瓷<br>可塑工艺 | 含方石英，方石英由高硅黏土和/或煅烧氧化硅产生 | 不渗透<br>可无釉使用 | 高张力负荷和低张力负荷绝缘子 |
| C 120 | 铝质瓷 | 长石熔剂<br>氧化铝部取代石英 | 不渗透<br>强度大于 110MPa | 高张力负荷和低张力负荷绝缘子 |
| C 121 | 铝质瓷 | 长石熔剂<br>氧化铝部取代石英 | 不渗透<br>强度（上釉）大于 140MPa | 高张力负荷和低张力负荷绝缘子 |
| C 130 | 铝质瓷 | 非耐火材料，长石熔剂<br>氧化铝为主要的骨架颗粒 | 不渗透<br>强度（上釉）大于 160MPa | 高张力负荷和低张力负荷绝缘子 |

避雷器空心瓷绝缘子通常采用铝质瓷 C120、C121 和 C130，对于强度要求较低的中压避雷器也可采用 C100 硅质瓷，目前，国内几乎不用 C112 方石英瓷。表 5-2 为电瓷材料的种类与性能。

表 5-2　　　　　　　　　　　　　电瓷材料的种类与性能

| 性能 | | 符号 | 组 | C100 | | | | | |
|---|---|---|---|---|---|---|---|---|---|
| | | | 种类 | 碱金属铝硅酸盐 | | | | | |
| | | | 亚组 | C110 | C111 | C112 | C120 | C121 | C130 |
| | | | 名称 | 硅质瓷可塑 | 硅质瓷压制 | 方石英瓷可塑 | 铝质瓷 | 铝质瓷中强度 | 铝质瓷高强度 |
| | | | 单位 | | | | | | |
| 开口（显）空隙率（最大值） | | $P_a$ | % | 0.0 | 3 | 0.0 | 0.0 | 0.0 | 0.0 |
| 体积密度（最小值） | | $\rho_a$ | $Mg/m^3$ | 2.2 | 2.2 | 2.3 | 2.3 | 2.4 | 2.5 |
| 弯曲强度（最小值） | 未上釉 | $\sigma_{ft}$ | MPa | 50 | 40 | 80 | 90 | 120 | 140 |
| | 上釉 | $\sigma_{fg}$ | MPa | 60 | — | 100 | 110 | 140 | 160 |

| 性能 | | 符号 | 组 | C100 | | | | | |
|---|---|---|---|---|---|---|---|---|---|
| | | | 种类 | 碱金属铝硅酸盐 | | | | | |
| | | | 亚组 | C110 | C111 | C112 | C120 | C121 | C130 |
| | | | 名称 | 硅质瓷可塑 | 硅质瓷压制 | 方石英瓷可塑 | 铝质瓷 | 铝质瓷中强度 | 铝质瓷高强度 |
| | | | 单位 | | | | | | |
| 弹性模量（最小值） | | $E$ | GPa | 60 | — | 70 | — | 80 | 100 |
| 平均线膨胀系数 | $\alpha_{30-100}$（30～100℃） | $10^{-6}$/K | | 3～6 | 3～5 | 6～8 | 3～6 | 3～6 | 3～7 |
| | $\alpha_{30-300}$（30～300℃） | $10^{-6}$/K | | 3～6 | 3～6 | 6～8 | 3～6 | 4～7 | 4～7 |
| | $\alpha_{30-600}$（30～600℃） | $10^{-6}$/K | | 4～7 | 4～7 | 6～8 | 4～7 | 5～7 | 5～7 |
| | $\alpha_{30-600}$（30～1000℃） | — | | — | — | — | — | — | — |
| 比热容（30～100℃） | | $c_{p30-100}$ | J/（kg·K） | 750～900 | 800～900 | 800～900 | 750～900 | 800～900 | 800～900 |
| 热导率（30～100℃） | | $\lambda_{30-100}$ | W/（m²·K） | 1～2.5 | 1～2.5 | 1.4～2.5 | 1.2～2.6 | 1.5～4.0 | 1.5～4.0 |
| 抗热振性（最小值） | | $\Delta T$ | K | 150 | 150 | 150 | 150 | 150 | 150 |
| 电气强度（最小值） | | $E_d$ | kV/mm | 20 | — | 20 | 20 | 20 | 20 |
| 耐受电压（最小值） | | $U$ | kV | 30 | — | 30 | 30 | 30 | 30 |
| 相对介电常数（40～62Hz） | | $\varepsilon_r$ | | 6～7 | — | 5～6 | 6～7 | 6～7.5 | 6～7.5 |
| 介电常数温度系数 | | $TK_\varepsilon$ | $10^{-6}$/K | +600～+500 | — | +600～+500 | +600～+500 | +600～+500 | +600～+500 |
| 损耗因子20℃时（最大值） | 48～62Hz | $\tan\delta_{pf}$ | $10^{-3}$ | 25 | — | 25 | 25 | 25 | 30 |
| | 1kHz | $\tan\delta_{1k}$ | $10^{-3}$ | | | | | | |
| | 1MHz | $\tan\delta_{1M}$ | $10^{-3}$ | 12 | — | 12 | 12 | 12 | 15 |
| 体积电阻率，直流（最大值） | 30℃ | $\rho_{V,30}$ | Ω·m | $10^{11}$ | $10^{10}$ | $10^{11}$ | $10^{11}$ | $10^{11}$ | $10^{11}$ |
| | 200℃ | $\rho_{V,200}$ | Ω·m | $10^6$ | $10^6$ | $10^6$ | $10^6$ | $10^6$ | $10^6$ |
| | 600℃ | $\rho_{V,600}$ | Ω·m | $10^2$ | $10^2$ | $10^2$ | $10^2$ | $10^2$ | $10^2$ |
| 相应电阻率的温度（最小值） | 1MΩ·m | $T_{\rho1}$ | ℃ | 200 | 200 | 200 | 200 | 200 | 200 |
| | 0.01MΩ·m | $T_{\rho0.01}$ | ℃ | 350 | 350 | 350 | 350 | 350 | 350 |

### 5.2.2 空心瓷绝缘子伞型结构

空心瓷绝缘子的伞形结构设计依据 GB/T 26218.2—2010《污秽条件下使用的高压绝缘子的选择和尺寸确定 第 2 部分：交流系统用瓷和玻璃绝缘子》。其主要伞形结构有标准外形、空气动力学外形、防雾型外形（防雾型外形又分为陡的防雾型和深下棱伞防雾型）以及交替伞外形，空心瓷绝缘子典型推荐伞形图如图 5-3 所示。

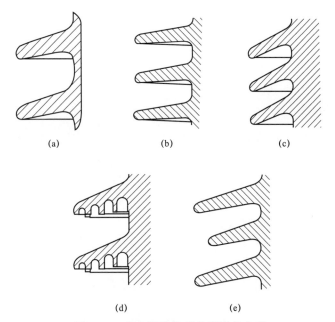

图 5-3 空心瓷绝缘子典型推荐伞形

（a）标准伞外形；（b）空气动力学伞；（c）陡的防雾型；（d）深下棱伞；（e）交替伞

几种伞形的优缺点比较见表 5-3。

表 5-3 推荐伞形的优缺点比较

| 优缺点 | 标准伞外形 | 空气动力学外形 | 防雾型 | 交替伞形 |
|---|---|---|---|---|
| 优点 | 爬电距离要求不高或不要求有空气动力学效应外形的地区，有良好的运行经验 | 有良好的自洁能力，积污较少 | 下雨、薄雾等条件下，下表面受潮慢，与相同尺寸的标准伞形比，单个元件爬距较长 | 自洁性好、积污少，与相同尺寸的标准伞形比，单个元件爬距长，伞间距大 |
| 缺点 | 不能避免风吹来的沉积物 | 快速积污条件（风暴、台风等）下，表面积污较多 | 下表面自洁能力差 | 快速积污条件（风暴、台风等）下，表面积污较多 |

注：推荐伞形的优缺点分析，以避雷器用空心瓷绝缘子垂直安装使用为出发点。

对于避雷器用空心瓷绝缘子通常采用交替伞结构设计。其伞形参数设计按照表 5-4 校核。

表 5-4 交替伞伞形参数校核表

| 序号 | 项 目 | | 较小偏差值 | 无偏差 |
|---|---|---|---|---|
| 1 | 大小伞伸出之差 | | ≥15mm | |
| 2 | 伞间距与伞伸出之比 | | 0.5~0.6 | 0.6~1 |
| 3 | 伞间最小距离 | 绝缘子长>550mm | 25~28 | 28~45 |
| | | 绝缘子长≤550mm | 20~23 | 23~45 |
| 4 | 绝缘件上两点间的爬电距离与间距之比 | | 5~6 | 1~5 |
| 5 | 伞倾角（垂直安装绝缘子） | | 0°~35° | 5°~25° |

爬电因素是总爬电距离与电弧距离的比值，根据不同的污秽等级要求，规定不同的偏差范围，如果表 5-4 中 2、3、4 项均满足要求，则通常爬电因素也满足要求。

伞形参数的设计，允许一个较小偏差，如果多于一个较小偏差（参考标准），应考虑有运行数据或试验验证数据的支持，或寻找可替代的外形或绝缘子技术来解决。

### 5.2.3 空心瓷绝缘子试验

空心瓷绝缘子的试验应符合 GB/T 23752—2009《额定电压高于 1000V 的电器设备用承压和非承压空心瓷和玻璃绝缘子》规定。避雷器用空心瓷绝缘子按照长期承受内压力的空心瓷绝缘子设计规则考虑。主要试验包括型式试验、抽样试验和逐个试验。

（1）型式试验。型式试验的目的是检验绝缘子和（或）绝缘件由设计决定的主要特征，是对新的设计和新的制造工艺的验证。主要具有如下特点：主体内外径相同；绝缘件和端部附件连接设计相同；连接到绝缘件上的端部附件的零件形状和尺寸相同；标称高度差别不超过±20%。则认为具有机械等同性，对于新设计的绝缘子，如果具有机械等同的有效试验报告，则可以不必做其型式试验项目。型式试验先进行温度循环试验，然后进行机械破坏负荷试验（包括内压力和弯曲试验）。

（2）抽样试验。抽样试验的目的是检验绝缘子和（或）绝缘件随制造过程和组成材料质量变化的特性，作为产品验收试验，样品从已满足逐个试验要求的批次中随机抽取。抽样试验项目包括尺寸和研磨面粗糙度检查、机械破坏负荷检查、温度循环试验、孔隙性试验、镀锌层试验（金属附件有热镀锌要求的产品）。

（3）逐个试验。逐个试验的目的是剔除有制造缺陷的元件，在制造过程中对每一个绝缘子和（或）绝缘件进行试验。逐个试验项目包括外观检查、逐个电气试验、逐个机械试验、其他机械试验（有规定时）、超声波探伤检测（仅对壁厚大于 30mm 的产品规定）。

对设备制造方而言，避雷器用空心瓷绝缘子使用前除外观检验外，还应对抗弯破坏负荷进行抽查检验；对 500kV 及以上等级的避雷器用空心瓷绝缘子进行逐个抗弯试验（抗弯值为破坏值的 50%～70%）；避雷器用空心瓷绝缘子进行逐个温度循环试验，温差 40K，停留时间 25min，循环一次；有条件时，对空心瓷绝缘子逐只进行瓷壁耐压试验。

## 5.3 空心复合绝缘子

空心复合绝缘子是由两端贯通的树脂浸渍玻璃纤维增强芯材构成的绝缘子，带伞或不带伞，包含端部附件。属于电站设备类绝缘子，可满足不同高压电气设备对外绝缘的不同要求，在某种条件下是空心瓷绝缘子的新一代替代产品。在特殊要求和运行环境下，空心复合技术的重要性和运行方面的优越性显得尤为突出。

（1）优异的防爆性和抗破坏性。空心复合绝缘子为非脆性材料制作，在内部加压或极端机械冲击下，不会引起设备爆炸，也无碎片飞逸伤害人身和设备。

（2）耐污性能好、绝缘性能高。硅橡胶材料的防污能力较瓷材料高，同时，硅橡胶还具有良好的憎水性及自恢复能力，使空心复合绝缘子在潮湿、污秽时都具有可靠的防污闪能力。

（3）硅橡胶具有良好的抗老化性及耐候性。由于硅氧烷键能比紫外线能量大，不容易产生因紫外线导致的老化。在耐臭氧性加速老化试验中，某些有机聚合物在数秒至数小时时间内就会因老化而产生龟裂，而硅橡胶即使老化 4 周后只是强度稍有下降，并没有产生龟裂，即它的耐臭氧性好。

（4）优异的抗震性。空心复合绝缘子材料坚韧，弹性好。各种模拟的地震测试表明，其能承受极大的机械负荷，在地震多发地区安全性能极高，无须加装减震装置。

（5）重量轻。减少了运输和安装中出现破损的概率，同时也降低了运输、安装的费用和难度。

（6）成品率高。空心瓷绝缘子在制造过程中的瓷体不均匀性会导致存在隐性的缺陷。空心复合绝缘子硅橡胶成型的不均匀度几乎可降到零。

（7）免维护、免清洗。由于硅橡胶具有憎水性和可迁移性，使得积污后的绝缘子仍具有优异的憎水性和极高的污闪电压，故无须定期对绝缘子外部进行清扫或硅烷化处理，减少了运行维护工作量。

（8）交货期短。由于生产工艺周期短，交货期明显缩短，且随着批量化生产和电压等级的提高，其性价比优于空心瓷绝缘子。

其主要缺点是刚性和抗老化特性比瓷绝缘子相比差。

### 5.3.1　主要材料特性

（1）伞套。作为外绝缘主体，伞套材料至关重要。由于直接暴露在大气环境中，保护芯体免受环境应力的侵蚀，同时还要承担一定的电应力。因此，整套设备或绝缘子的可靠性往往取决于伞套的寿命。

目前，复合绝缘子伞套材料大多采用高温硫化硅橡胶，与室温硫化硅橡胶 RTV 相比，高温硫化硅橡胶具有更优异的电气和机械性能。

复合绝缘子伞套材料特性主要关注两个方面性能：即憎水性能和耐电蚀损性能。憎水性，特别是其丧失后的恢复性能是绝缘子材料防止污秽闪络的第一道防线。憎水性好，污层电阻就高，漏电流就小，污闪电压就得以提高。但是，伞套材料还会遭受到各种条件的作用而引起憎水性的丧失或暂时丧失，此时，它还应能耐受住干带电弧而不致起痕或蚀损，以免导致闪络，这是防止污秽闪络的第二道防线。因而，外套材料的配方应在综合考虑这两方面性能的条件下优化得到。

目前，国内常用的高温硫化硅橡胶（包括固体高温胶和液体高温胶），其材料的憎水性均可达到 HC1 级，材料在去离子水中浸润 48h 后憎水性达到 HC1 级；材料的耐漏电起痕和电蚀损性可达到 1A4.5 级，蚀损深度不大于 2.5mm。

（2）FRP 绝缘管。绝缘管主要承担空心绝缘子的机械负荷及内绝缘。它是使用专门设计的数控缠绕机，以树脂（一般采用环氧树脂）预浸不间断无捻玻璃纤维，经张力导向装置按照力学铺层设计，匀速缠绕在芯模上，缠绕至规定尺寸后再经高温固化成型制成毛坯，然后在车床上加工至规定的几何尺寸。

另外，在缠绕过程中，根据管材不同的使用环境，在环氧玻璃纤维缠绕管内壁敷设一层功能层，可以提高绝缘可靠性及产品使用寿命。

经过多年的配方和工艺改进，缠绕管的机械和电气性能逐步稳定，且具有质量轻、比强度高、耐腐蚀、膨胀系数小等特点，与金属材料性能相比性能见表 5-5。

表 5-5 环氧玻璃纤维缠绕管与金属材料性能对比表

| 性能项目 | 环氧玻璃纤维缠绕制品 | 结构钢 | 铝 |
|---|---|---|---|
| 相对密度 | 1.6~2.0 | 7.8 | 2.7 |
| 纤维含量（%） | 70~80 | — | — |
| 拉伸强度/MPa | 300~440 | 340~500 | 90~170 |
| 弯曲强度/MPa | 290~440 | 340~500 | 140 |
| 压缩强度/MPa | 200~390 | 450 | — |
| 冲击强度/（kJ/m$^2$） | 40.0~50.0 | — | — |
| 线膨胀系数/（$10^{-5}$/℃） | 1.0~1.5 | — | — |
| 比热容/[kJ/（kg·K）] | 1.08~1.17 | — | — |
| 介电强度/（kV/mm） | 10~12.5 | — | — |
| 体积电阻率/（Ω·cm） | $10^{12}$~$10^{14}$ | — | — |
| 介电常数（1MHz） | 3~3.5 | — | — |
| 介质损耗角正切（1MHz） | 0.01~0.02 | — | — |

此外，环氧玻璃纤维的缠绕方向与轴向夹角，即缠绕角，对管材的机械特性影响很大。缠绕角越大，其环向抗拉强度越高，抗弯强度越低；反之，缠绕角变小时，抗弯强度就越大，环向抗拉强度就越小。可按照不同产品的受力状况，充分发挥纤维的强度。针对不同受力状况时环氧玻璃丝缠绕管的纤维缠绕方向如图 5-4 所示。

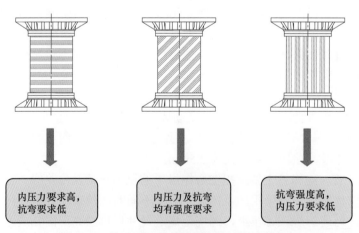

图 5-4 针对不同受力状况时的纤维缠绕方向

再者，可以通过合理的选择缠绕工艺，减少绕制缺陷，提高绝缘管的机械强度。优化缠绕铺层设计如图 5-5 所示。

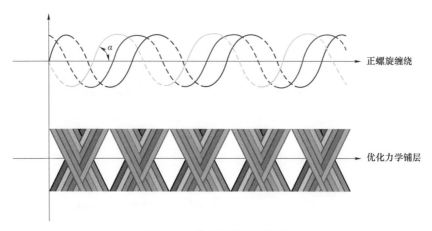

图 5-5　优化缠绕铺层设计

复合绝缘子运行中要遭受持续运行电压以及各种暂时和瞬时过电压的作用，作为空心绝缘子，其内绝缘同样也遭受电应力作用。绝缘管除了具有良好的机械性能，还应有良好的耐热性、耐化学腐蚀及良好的电气性能。

不同应用环境下，绝缘管内壁可能因强烈的热辐射影响而产生降解，也可能因不同内绝缘介质的化学作用而被侵蚀。因此，对于不同用途的产品，根据不同应用环境，应对绝缘管内壁材质做出特殊要求，或对选用材料（环氧树脂、增强材料）做出适宜调整，来满足要求。

此外，为了使绝缘管具有最佳电气性能，其缠绕工艺的选择也是非常重要的。目前，国内产品基本采用高温缠绕工艺，可以降低环氧树脂黏度，有利于玻璃纤维的充分浸渍，减少气泡的产生。同时，通过控制缠绕速度，来排出初固化时产生的气体，避免气泡的生成，并且在缠绕过程中采用远红外热板加热，并控制缠绕速度以排出环氧树脂中有机氯等挥发成分。因此，采用该工艺生产的绝缘管气泡更小，同时环氧树脂固化过程分为交联反应、初固化及后固化三个阶段，该工艺使环氧树脂反应充分完全，确保绝缘管机械强度及电气性能稳定。当前，市场上已大量运行的部分电容式套管也采用相同的工艺技术，其电气性能优异。

（3）端部金属附件。端部金属附件是空心复合绝缘子机械负荷的传递部件，与绝缘管组装在一起，构成绝缘子的连接件。金属法兰材料一般使用球铁、铸钢和铝合金，其性能对比见表 5-6。

表 5-6　　　　　　　　　　　　　　端部附件材料性能对比

| 材料名称 | 抗拉强度/MPa | 屈服强度/MPa | 伸长率（%） | 密度/（g/cm³） |
| --- | --- | --- | --- | --- |
| Q255 | 395~460 | 215 | 18 | 7.8 |
| QT50-5 | 490 | 343 | 5 | 7.8 |
| ZL101A-T6 | 295 | 133 | 3 | 2.7 |

从力学性能、机械加工和产品尺寸三方面进行考虑，铸铝合金抗拉强度比球铁、铸钢稍低，但铝合金成型后重量是球铁和铸钢的1/3，而且密封面的加工精度易达到，不需镀锌和防腐处理。另外，铸铝合金最大的优点是高压端的法兰磁导率远小于铸铁，从而减少了感应电流，降低了温升，提高了产品的运行可靠性。

目前，空心复合绝缘子类产品法兰基本采用铸造铝合金材料，根据不同负荷的耐受要求，对法兰结构设计上也进行了加强筋的处理。根据不同的使用要求，对铸造模具及工艺也进行了不同规定。

对于避雷器用空心复合绝缘子法兰外表面一般做阳极氧化处理。

### 5.3.2 参数特性

（1）伞形参数。伞套材料的性能是复合绝缘子寿命的决定性因素，同时伞套形状的设计因素也是至关重要，伞形尺寸可以影响憎水性及漏电流的大小。伞形尺寸应遵循以下原则：

1）绝缘子表面污秽积累尽可能少。

2）绝缘子表面湿润尽可能小。

3）绝缘子伞裙布置以及爬电比距应至少与传统绝缘子相同，符合 GB/T 26218.3—2011《污秽条件下使用的高压绝缘子的选择和尺寸确定 第 3 部分：交流系统用复合绝缘子》（IEC 60815）规定，特别是要注意避免电弧桥接伞间距。

此外在 GB/T 26218 之前，DL/T 864—2004《标称电压高于 1000V 交流架空线路用复合绝缘子使用导则》和 JB/T 8737—1998《高压线路用复合绝缘子使用导则》也对伞套的材料及尺寸特性做了规定，也可以作为参考。

另外，曾有观点提出：由于复合绝缘子能明显提高污闪电压，因此，建议其爬电比距可以比传统瓷绝缘子的小。这一论点的前提应针对于清洁或轻污秽地区使用的绝缘子，因为实践表明，在清洁或轻污秽地区，缩短了爬电距离的复合绝缘子已有成功运行的经验。但还应注意到，在严重污秽地区使用缩短了爬电距离的绝缘子可能会引起漏电流和干带电弧增加，从而缩短了绝缘子的运行寿命。

（2）机械参数。空心复合绝缘子的机械强度指标主要包括抗弯强度、刚性要求和额定内压力三项指标。

1）弯曲强度。空心绝缘子弯曲强度与绝缘子材质、胶装比和结构参数有关。在胶装比合理的状况下，空心复合绝缘子弯曲负荷下的危险断面发生在下法兰与缠绕管交接处，根据弯曲强度计算公式

$$M_{管} \leqslant [\sigma_{w}]Z \tag{5-1}$$
$$Z = \pi(D^4 - d^4)/32D$$

式中　$M_{管}$——破坏弯矩；

　　　$Z$——危险断面弯曲截面模数；

　　　$D$、$d$——绝缘管外、内径；

　　　$[\sigma_{w}]$——弯曲许用应力。

若缠绕管的结构参数不变（指内外直径不变），产品的破坏强度就由缠绕管材质本身确定

的弯曲许用应力（即$[\sigma_w]$）决定。当然，如果缠绕管材质一定，可以通过选择不同的截面尺寸来满足强度要求。

2）刚性要求。复合绝缘子虽然较瓷绝缘子有较高的弯曲强度，但其刚性较差，在外力作用下弹性变形较大。对于运行过程中过度的弹性变形量将影响产品正常工作时，应对其挠性提出要求，即对弹性变形量进行控制。通常产品的刚性取决于管材的弹性模量和管的截面积（产品长度固定时）。弹性变形量计算公式如下

$$f = \frac{Fl^3}{300EI} \tag{5-2}$$

$$I = \pi(D^4 - d^4)/64$$

式中　$f$——弹性变形量；

　　　$F$——弯曲应力；

　　　$l$——弯曲力臂；

　　　$E$——弹性模量；

　　　$I$——转动惯量；

　$D$、$d$——绝缘管外、内径。

弹性模量为材料固有特性，当材料确定以后，弹性模量也随之确定。只有通过截面积变化对挠度进行适当调整，截面积越大，刚性越好。但是截面积增大，绝缘管的重量也会增大，产品整体重量会随之增大。

因此，在确保产品达到技术要求，并且留有足够裕度的前提下，选择适当截面积（而不是用一味增加截面积的方法减小变形量）以减小产品重量是必要的。

3）内压力。瓷制空心绝缘子的壁厚/内径一般都大于1/10，所以内压力计算公式是根据厚壁圆筒内压力应力分布情况而确定的，最大应力出现在圆筒内表面，而空心复合绝缘子采用的缠绕管的壁厚/内径一般都小于1/10。在内压力状态下缠绕管与端部附件是连成一体的，内压力产生的轴向拉应力也由缠绕管承担。薄壁管在内压力作用下，轴线方向和径向方向的伸长变形可认为是均匀的，管壁上任意一点受力情况都是一样的。绝缘筒受力分布示意图如图5-6所示。

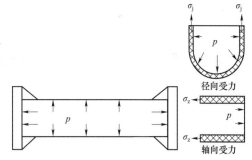

图 5-6　绝缘筒受力分布示意图

通过相关计算可推算出轴向拉伸应力为

$$\sigma_z \approx \frac{pd}{4t} \tag{5-3}$$

径向拉伸应力为

$$\sigma_j = \frac{pd}{2t} \tag{5-4}$$

式中　$p$——内压力；

$d$——管内径；

$t$——管壁厚。

可以看出内压力状态下所受的径向拉伸应力是轴向拉伸应力的两倍。玻璃纤维有很高的拉伸强度，在环氧树脂强度一定的情况下，缠绕管的 $[\sigma_z]$ 和 $[\sigma_j]$ 的大小由玻璃纤维径向、轴向分量的大小决定，也就是随缠绕管缠绕角度的变化而变化。

从上面分析可以看出，当管子成型后其 $[\sigma_z]$、$[\sigma_j]$ 已然成为固有特性，在同样压力状态下，可通过改变管径来确保满足强度要求。

（3）关键参数的规定。空心复合绝缘子主要应用在各种电力设备上，与架空线路绝缘子相比其所受的负荷有其特殊性，从前面的分析介绍可知，其主要受弯曲力负荷和内压力负荷。

规定机械负荷（SML）：由制造者规定的用于机械试验的负荷，通常在室温下施加负荷。它是考虑外部负荷时绝缘子选用的基础。

最大机械负荷（MML）：是绝缘子在运行条件下和在使用它的设备上预期施加的最大机械负荷，此负荷由设备制造者规定。

规定内压力（SIP）：由制造者规定的内部压力，在室温下型式试验期间检验。此规定内压力构成了绝缘子与内部压力有关的选用基础。

最大运行压力（MSP）：是当设备（绝缘子是该设备的一个部件）在最高环境温度下通过额定标称电流时的最大绝对压力与正常外部压力间的差。绝缘子的最大运行压力由设备制造者规定。

复合材料像钢一样有延展性，而瓷是一种脆性材料。由于这个效应，复合材料中的变形有可逆的弹性区和不可逆的塑性区，并且可以导致断裂。使用的绝缘子运行时的最大机械应力在任何情况下都不应超出其弹性区。复合绝缘子的最大运行压力等同空心瓷绝缘子中的"设计压力"。

设备制造厂家在选用空心复合绝缘子时，不能简单地将复合绝缘子的各类机械负荷等同瓷绝缘子的负荷要求。施加于绝缘子上的机械负荷见表5-7。施加于绝缘子上的压力负荷见表5-8。

表5-7 施加于绝缘子上的机械负荷

| 负 荷 | 关 系 | 绝缘子处在 |
|---|---|---|
| 最大机械负荷（MML），由设备制造者设计 | ≤0.4×SML | 可逆的弹性阶段 |
| 损伤极限 | >1.5×MML | 可逆的弹性阶段 |
| 型式试验弯曲负荷 | =2.5×MML | 不可逆的塑性阶段 |
| 规定机械负荷（SML） | ≥2.5×MML | 不可逆的塑性阶段 |

表5-8 施加于绝缘子上的压力负荷

| 压 力 | 关 系 | 绝缘子处在 |
|---|---|---|
| 最大运行压力（MSP），由设备制造者设计 | ≤0.25×SIP | 可逆的弹性阶段 |
| 逐个试验压力 | =2.0×MSP | 可逆的弹性阶段 |
| 损伤极限 | >2.0×MSP | 可逆的弹性阶段 |
| 型式试验压力 | =4.0×MSP | 不可逆的塑性阶段 |
| 规定内压力（SIP） | ≥4.0×MSP | 不可逆的塑性阶段 |

### 5.3.3　空心复合绝缘子的结构及成型特点

空心复合绝缘子主要由绝缘管、金属法兰和外绝缘伞套组成。绝缘管是空心复合绝缘子的内绝缘部件，主要用于承担机械负荷和内绝缘。伞套是空心复合绝缘子的外绝缘部件，用来提供必要的爬电距离和保护绝缘管不受外界环境影响。金属法兰是空心复合绝缘子与其他主机设备相互连接的部件，用以传递机械负荷。空心复合绝缘子结构示意图如图 5-7 所示。

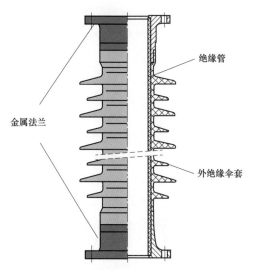

图 5-7　空心复合绝缘子结构示意图

绝缘管为单段环氧玻璃丝缠绕，外绝缘采用高温硫化硅橡胶材料，法兰采用铸铝合金材料，材料性能优越，法兰和绝缘管连接方式为特殊胶合剂胶装工艺，外绝缘伞套采用整体注射成型工艺。

（1）胶装结构。对于空心复合绝缘子，产品的胶装结构也直接影响着产品的密封效果。目前常见的胶装结构为间隙结构和过盈配合结构。

间隙结构即将绝缘芯体（带伞或不带伞）与金属法兰利用胶装工装装配完好（需确保其尺寸公差），形成胶装间隙，间隙内灌注胶合剂，再利用自动温控系统装置进行加热固化。整个过程不单单是胶合剂的粘接，间隙设计还需要考虑各零部件的微小滑移、灌注的密封等。该工艺工序多，但易实现，且可充分发挥玻纤筒强度的优点，同时也能很好地适应机械振动和弯曲应力负荷受力状况。

过盈配合结构，虽然结构简单，但工艺要求较高，需要协调好绝缘管、法兰及粘接剂多种材料的线性膨胀系数关系，使胶装结构避免在温差及应力作用下产生间隙、裂纹或微小滑移，导致产品密封失效。

针对悬挂结构避雷器外绝缘，空心复合绝缘子胶装结构应做特殊设计，以满足拉伸强度要求。

（2）密封结构。空心复合绝缘子运行过程中，内部充有一定压力 $SF_6$ 气体或其他绝缘介质，因此，其可靠的密封结构是保证产品有效密封、安全运行的关键。目前，国内常见的密封结构示意图如图 5-8 所示。

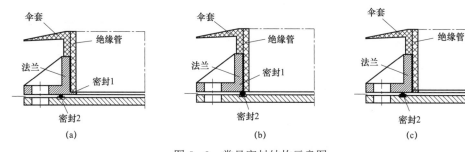

图 5-8　常见密封结构示意图

（a）平面密封结构；（b）涌密封结构；（c）平面密封结构

图 5-8a 平面密封结构，密封 1 为空心复合绝缘子主密封，即将绝缘管与法兰之间的密封设置于绝缘管端面，隐藏在产品内部。密封 2 为空心复合绝缘子与配套主机连接密封。该结构密封 2 的密封面选择范围较广，通用性较强，且绝缘管端面密封面加工相对容易，可有效控制尺寸和精度。

图 5-8b 三角密封结构，密封 1 采用密封圈或密封胶形式加强绝缘管和法兰之间的密封效果，但仅作为空心复合绝缘子辅助密封，密封 2 为法兰、绝缘管和配套主机面形成三角槽，设置密封圈，既为空心复合绝缘子主密封，也作为其与配套主机的连接密封。但密封位置比较固定，通用性差，且绝缘管斜面密封面加工难度较大。

图 5-8c 平面密封结构，空心复合绝缘子主密封结构主要靠绝缘管和法兰的过盈粘接实现，密封 2 为产品与配套主机的连接密封。该结构对工艺、胶合剂材料要求非常严格，对零件加工精度要求更高。同时，弯曲负荷应力过大或温度等极端变化导致绝缘管和法兰连接区异常时，对密封的效果会产生影响。

（3）外绝缘伞套成型工艺。

1）单伞粘接成型。单伞模压、整体粘接成型工艺主要针对大直径且薄壁空心复合绝缘子，用固体硅橡胶借助平板硫化设备模压成型出单个伞套，利用伞套内径与芯体外径的合理公差配合，将伞套逐个粘接在芯体上。该工艺不受芯体的限制，不会在制造中因受外力而损伤芯体，且模具简单，但工序复杂，受人为因素及外在因素影响较多，粘接面多，外观存在粘接痕迹，效率较低。单伞成型效果如图 5-9 所示。

图 5-9 单伞成型效果图

2）模压成型。模压成型借助平板硫化设备，将伞套直接模压成型在芯体外表面。硅橡胶裁切成片状料预铺设于成型模具下模腔和芯体上表面，通过锁模压力将上下模腔闭合、锁紧，在高温下实现伞套的硫化成型。该工艺较单伞粘接成型效率较高、外形美观，受设备因素限制，比较普遍地用在较小尺寸的产品成型中，型腔内的硅橡胶靠挤压填充，对芯体的抗压强度及铺胶量的控制要求更高。工艺过程中铺胶量过大或不均匀会造成型腔内芯体表面受力过高或不均，易造成芯体表面开裂，铺胶量过小造成局部填充不够，导致伞套成型缺胶。

3）整体和（或）分段注射成型。注射成型是借助橡胶注射成型设备，将伞套直接成型在芯体外表面。该成型工艺是将环氧玻璃丝芯体直接置于成型模具中，硅橡胶块状料直接添加于设备料筒内，将塑化后的硅橡胶注射到模腔内，在高温高压下实现伞套的硫化成型。考虑到设备规格、能耗、外观成型效率等，一般对于长度较短产品可整体注射一段成型，长度较长的产品，多采用多段注射完成。

该成型工艺自动化程度高，成型后外形美观，且生产效率高，有利于产品大规模生产，具有良好的工艺性能和可操作性。但注射压力较大，可能会由于操作不当或工装缺陷，造成芯体损伤缺陷，同时，对芯体径向抗压强度有一定要求，且高温高压注射，对芯体的定位精度和注射量的控制要求更精确。整体注射成型效果如图 5－10 所示。

图 5－10　整体注射成型效果图

目前，从成型质量和效率方面综合比较，在条件容许时，推荐使用注射外绝缘伞套。

### 5.3.4　空心复合绝缘子试验

（1）试验依据为 GB/T 21429—2008《户外和户内电气设备用空心复合绝缘子定义、试验方法、接收准则和设计推荐》。

（2）试验项目及分类。空心复合绝缘子产品的定型试验项目包括设计试验、型式试验、抽样试验和逐个试验，其试验项目分类见表 5－9。

表 5－9　　　　　　　　　　　空心复合绝缘子试验项目分类表

| 序号 | 分类 | 试验项目 |
|---|---|---|
| 1 | 设计试验 | 介面和端部附件的连接区试验 |
| 2 | | 伞套材料试验 |
| 3 | | 管材料试验 |
| 4 | 型式试验 | 内压力试验 |
| 5 | | 悬臂弯曲试验 |
| 6 | 抽样试验 | 尺寸检查 |
| 7 | | 机械试验 |
| 8 | | 端部附件和绝缘子伞套间介面的试验 |
| 9 | 逐个试验 | 外观检查 |
| 10 | | 尺寸及爬电距离检查 |
| 11 | | 逐个压力试验 |
| 12 | | 逐个机械试验 |
| 13 | | 逐个密封试验 |

1）设计试验。设计试验是用来验证设计、材料和制造方法（工艺）的适用性，当一种绝缘子通过了此设计试验时，其试验结果应该对这一类绝缘子有效。

该类绝缘子具有以下特征：① 管和伞套的材料、设计相同；② 制造方法相同；③ 附件的材料、设计相同且附着方法相同；④ 管上面的伞套材料的厚度相同或较厚。如果有任一项变更，设计试验应重新进行。

设计试验项目如下：① 介面和端部附件的连接区试验；② 伞套材料试验；③ 管材料试验。

2）型式试验。型式试验用来验证绝缘子的机械特性，其主要取决于绝缘子的管和端部附件，型式试验应施加于通过了设计试验的绝缘子。仅当绝缘子的形式或材料或其制造过程改变时，型式试验才需重新进行。

而绝缘子的形式，在机械上可由管的内径、管的壁厚、管的层叠参数、端部附件的材料和连接方法以及制造过程所决定。除此之外，对于两端部附件间的长度小于 2 倍直径的绝缘子，其型式也可由长度所决定。型式试验后的试品不得在运行中使用。

型式试验项目如下：① 内压力试验；② 悬臂弯曲试验。

3）抽样试验。抽样试验用来验证绝缘子的特性，这些特性取决于其制造质量和所使用材料。应在逐个试验合格后，提交验收的各批次中随机抽取的绝缘子上进行。

试验项目及顺序如下：① 尺寸检查；② 机械试验；③ 端部附件和绝缘子伞套间介面的试验。其判定程序符合如下的规定：绝缘子尺寸符合图样规定；没有出现管的破坏、拉出或端部附件的破坏；偏移符合预定水平；染料渗透试验后，表面应没有出现外套或界面的裂纹。则认为试验通过。

4）逐个试验。逐个试验即出厂试验，目的是剔除有制造缺陷的绝缘子，应在每个绝缘子上进行。

逐个试验项目如下：① 外观检查；② 尺寸及爬电距离检查；③ 逐个压力试验；④ 逐个机械试验；⑤ 逐个密封试验。

一般座式避雷器用空心复合绝缘子逐个机械试验仅进行抗弯强度验证，而悬挂用避雷器用空心复合绝缘子试验项目需增加拉伸试验项目要求。密封试验也应作为影响产品运行可靠性的重点关注项目。

## 5.4 空心瓷绝缘子与空心复合绝缘子试验差异

空心瓷绝缘子和空心复合绝缘子因构成材料及成型工艺的不同，主要存在以下差异：

1. 设计及形式的差异

空心瓷绝缘子介面主要是瓷和金属附件的连接界面，产品的性能主要取决于瓷制造工艺的水平和胶装连接强度的设计。

空心复合绝缘子结构中的连接区介面包含有绝缘管和伞套材料之间、绝缘管和金属附件之间以及金属附件和伞套之间，同时绝缘管和金属附件之间还存在密封界面。因此，产品的性能需考虑介面连接和密封的可靠性以及各种复合材料的自身的性能。

**2. 外观及尺寸要求的差异**

空心瓷绝缘子受瓷件成型工艺的影响，对产品尺寸偏差控制要求比复合绝缘子更多。主要有壁厚偏差、主体内外径的圆度偏差、直线度偏差、端部伞裙的位置及倾斜度偏差等要求。

空心复合绝缘子的内壁缺陷多为划痕，因其内壁附有特定的防护层处理，只要划痕在规定的深度内，或经修复满足要求，不影响避雷器产品的使用。而空心瓷绝缘子内壁缺陷一般不允许修饰，对带尖角毛刺的凸起部分进行平整处理的除外。

**3. 机械试验程序的差异**

因瓷材料是脆性材料，而复合材料具有一定的延展性，其变形会由可逆的弹性区发展至不可逆的塑性区，因此，空心复合绝缘子的机械试验过程一般分为 3~4 个阶段进行，且每个阶段对产品的变形量和残余变形量进行了规定。

**4. 逐个试验要求的差异**

空心瓷绝缘子和空心复合绝缘子相比较，瓷绝缘子承受内外绝缘，需进行逐个电气试验，该试验用以剔除瓷壁成型缺陷的绝缘子，主要验证瓷壁的完好性以及粘接界面（针对多节粘接成型空心瓷绝缘子）的完好性。同时超声波探伤检测也是为了剔除大于 30mm 壁厚缺陷产品。空心复合绝缘子的内绝缘性能主要由绝缘管承担，需对绝缘管性能要求做出规定。空心复合绝缘子的外绝缘由硅橡胶伞套承担，其硫化成型工艺缺陷及修复程度可进行外观目测判断解决。

空心瓷绝缘子中瓷件端面作为与电气设备对接的密封面，而唯一的介面——瓷套和金属材料之间，位于密封面以外，不会对产品密封造成影响，故不需要进行产品逐个密封试验。空心复合绝缘子与设备对接的密封面在金属附件端面，除此之外，金属附件和绝缘管内部还存在界面密封问题，因此空心复合绝缘子需进行逐个密封试验，以验证产品制造中内部密封的可靠性。

# 第6章 金属氧化物避雷器试验

## 6.1 概述

试验对于避雷器设计验证是非常必要的。由于避雷器产品具有品种多、结构多、对可靠性要求高等特点，其设计的基础仍依赖于试验。试验装备是保证避雷器产品质量和发展新产品的必要条件。试验的基础是在试验室真实地模拟避雷器在电力系统中的运行工况，并根据电力系统复杂和多样的运行工况，总结并制定出严格的试验标准，对避雷器产品进行考核。在试验室对避雷器进行试验需依据国家标准、行业标准或国际标准。标准的完善和提高，促进了避雷器产品性能的提高和试验技术的发展。

避雷器的试验分为型式试验、例行试验、验收试验、定期试验和抽样试验等。本章主要介绍避雷器的型式试验和避雷器现场维护预防性试验。

## 6.2 交流系统用无间隙金属氧化物避雷器试验

### 6.2.1 试验项目

表6-1列举了不同类型避雷器的型式试验和例行试验的试验项目。每项试验的具体试验方法根据避雷器类别和电压等级的不同而有所不同。

表6-1　　　　　　　　　　避雷器的型式试验和例行试验的试验项目

| 序号 | 试验项目 | 瓷外套避雷器 | | 复合外套避雷器 | | GIS避雷器 | |
|---|---|---|---|---|---|---|---|
| | | 型式试验 | 例行试验 | 型式试验 | 例行试验 | 型式试验 | 例行试验 |
| 1 | 绝缘耐受试验 | √ | × | √ | × | × | × |
| 2 | 残压试验 | √ | √ | √ | √ | √ | √ |
| 3 | 长期稳定性试验 | √ | × | √ | × | √ | × |
| 4 | 重复转移电荷试验 | √ | × | √ | × | √ | × |
| 5 | 散热特性试验 | √ | × | √ | × | √ | × |
| 6 | 动作负载试验 | √ | × | √ | × | √ | × |
| 7 | 工频电压耐受时间特性试验 | √ | × | √ | × | √ | × |
| 8 | 脱离器试验 | √ | × | √ | × | × | × |
| 9 | 短路试验 | √ | × | √ | × | √ | × |
| 10 | 弯曲负荷试验 | √ | × | √ | × | × | × |

续表

| 序号 | 试验项目 | 瓷外套避雷器 | | 复合外套避雷器 | | GIS 避雷器 | |
|---|---|---|---|---|---|---|---|
| | | 型式试验 | 例行试验 | 型式试验 | 例行试验 | 型式试验 | 例行试验 |
| 11 | 环境试验 | √ | × | × | × | × | × |
| 12 | 密封试验 | √ | √ | √ | √ | √ | √ |
| 13 | 无线电干扰电压试验 | √ | × | √ | × | × | × |
| 14 | 内部部件绝缘耐受试验 | √ | × | √ | × | √ | × |
| 15 | 内部均压部件试验 | √ | × | √ | × | √ | × |
| 16 | 污秽试验 | √ | × | √ | × | × | × |
| 17 | 持续电流试验 | √ | √ | √ | √ | √ | √ |
| 18 | 工频参考电压试验 | √ | √ | √ | √ | √ | √ |
| 19 | 直流参考电压试验 | √ | √ | √ | √ | √ | √ |
| 20 | 0.75 倍直流参考电压下漏电流试验 | √ | √ | √ | √ | √ | √ |
| 21 | 局部放电试验 | √ | √ | √ | √ | √ | √ |
| 22 | 电流分布试验 | √ | √ | √ | √ | √ | √ |
| 23 | 统一爬电比距检查 | √ | × | √ | × | × | × |
| 24 | 拉伸负荷试验 | × | × | √ | √ | × | × |
| 25 | 气候老化试验 | × | × | √ | × | × | × |
| 26 | 外观检查 | × | × | √ | √ | × | × |
| 27 | 绝缘气体湿度试验 | × | × | × | × | √ | × |
| 28 | 运输试验 | × | × | × | × | √ | × |
| 29 | 壳体强度试验 | × | × | × | × | √ | √ |
| 30 | 内绝缘耐受试验 | × | × | × | × | √ | × |

## 6.2.2　绝缘耐受试验

绝缘耐受试验的目的是用来验证避雷器外套外绝缘的电压耐受能力，包括雷电冲击电压试验、操作冲击电压试验和工频电压试验。试验在整只避雷器外套上进行，试验时内部部件应取出或使之失效。

（1）雷电冲击电压试验。避雷器按 GB/T 16927.1—2011《高电压试验技术　第 1 部分：一般定义及试验要求》进行干状态下的标准雷电冲击电压试验。试验电压应不小于避雷器在标称放电电流下的最大残压的 1.3 倍。

如果干弧距离或部分干弧距离（单位为 m）之和大于试验电压（单位为 kV）除以 500kV/m，则不需要进行本试验。

（2）操作冲击电压试验。对于 $U_s > 252\text{kV}$ 的电站类避雷器应按 GB/T 16927.1—2011《高电压试验技术　第 1 部分：一般定义及试验要求》进行操作冲击电压试验。对于户外避雷器在湿条件下进行试验，对于户内避雷器在干条件下进行试验。试验电压不小于 $1.1 \times e^{m \times 1000/8150} \times$ 避雷器的最大操作冲击残压，对 $U_s \leqslant 800kV$ 系统中的避雷器，$m=1$；$U_s > 800kV$ 系统中的避雷器，$m$ 的值由 GB/T 311.2—2013 图 9 中相对地的绝缘来确定。

如果 $U_s > 800kV$ 系统中避雷器的绝缘要求高于被保护设备规定值，避雷器的绝缘水平与该设备相同。

如果干弧距离或部分干弧距离之和大于由公式 $d = 2.2[e^{(U/1069)} - 1]$ 计算的距离（$d$ 是距离，m；$U$ 是试验电压，kV），则不需要进行本试验。

（3）工频电压试验。户外用避雷器的外套应在湿条件下进行试验，户内用避雷器的外套在干条件下进行试验。

对于配电类避雷器，其外套能耐受工频电压的峰值等于雷电冲击保护水平乘以 0.88，并持续 1min。

对于电站类避雷器，其外套能耐受工频电压的峰值等于操作冲击保护水平乘以 1.06，并持续 1min。

如果干弧距离或部分干弧距离之和大于由公式 $d = [1.82e^{(U/859)} - 1]^{0.833}$ 计算的距离（$d$ 是距离，m；$U$ 是工频试验电压峰值，kV），则不需要进行本试验。

## 6.2.3 残压试验

型式试验的残压试验目的是获得避雷器最大残压的必要数据，包括陡波冲击电流残压试验、雷电冲击残压试验、操作冲击残压试验。

残压试验在相同的 3 只避雷器或避雷器比例单元试品上进行。避雷器比例单元是一个完整的、组装好的避雷器部分，对某种特定试验必须代表整只避雷器的特性。试验时，每次放电前，试品温度要求接近环境温度。对多柱电阻片并联避雷器，试验可以在单柱比例单元上进行，比例单元测量电流为避雷器的总电流除以柱数。

（1）陡波冲击电流残压试验。对 3 只试品各施加 1 次幅值等于避雷器标称放电电流（偏差±5%）的陡波冲击电流，如必要时，要对电压测量回路以及试品和试验回路的几何尺寸的电感效应进行校正。

（2）雷电冲击残压试验。对 3 只试品各施加 3 次雷电冲击电流，其峰值分别约为避雷器标称放电电流的 0.5 倍、1 倍和 2 倍（偏差±5%）。视在波前时间应为 7～9μs，而半峰值时间（无严格要求）可有任意偏差。应按已确定的残压最大值绘制成残压与放电电流的曲线。在曲线上与标称放电电流相对应的点读取的残压定义为避雷器雷电冲击保护水平。

如果整只避雷器的例行试验在上述任一电流下不能进行时，则型式试验应补充进行电流在 0.01～0.25 倍的标称放电电流下的试验，以便与整只避雷器进行比较。

例行试验时，试验可在整只避雷器、组装好的元件或电阻片上进行。制造厂要在 0.01～2 倍标称电流范围内确定一个适当的雷电冲击电流，残压将在该电流（偏差±5%）下测量。如果不能直接测量整只避雷器的残压，可以把电阻片的残压之和或单个避雷器元件的残压之和视作整只避雷器的残压。整只避雷器的残压值应不高于规定值。

（3）操作冲击残压试验。对 3 只试品各施加 1 次操作冲击电流，其幅值为规定的操作冲击电流幅值（偏差±5%）。测量的三个试品残压的最大值定义为相应电流下避雷器的操作冲击电流残压。

### 6.2.4　长期稳定性试验

长期稳定性试验习惯上称为加速老化试验，试验在 3 只新的电阻片试品上进行。加速老化试验时，与整只避雷器设计一样，试验应包括所有与电阻片直接接触的材料（固体或液体）。在试验时，将电阻片置于具有与避雷器内部介质相同的温控箱中，箱内的容积应至少为电阻片体积的 2 倍，并且箱内的介质密度应不低于避雷器中介质密度。

如果能够证明在敞开的空气中进行的试验等价于在实际介质中进行的试验，则可以在敞开的空气中进行加速老化试验。

将电阻片加热到 115℃±4K，在施加修正的最大持续运行电压 $U_{ct}$ 后的 3h±15min 测量电阻片的功率损耗 $P_{start}$，在这个电压下持续 1000h，在此期间应控制电阻片的表面温度为 115℃±4K。

在测量 $P_{start}$ 后，每隔不超过 100h 测量一次电阻片的功率损耗，最终测量 $P_{end}$ 应在老化的 $1000_0^{+100}$ h 之后测量。试验期间测得的最小功率损耗为 $P_{min}$（见图 6-1）。

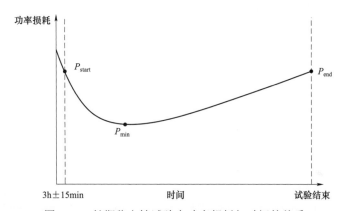

图 6-1　长期稳定性试验中功率损耗与时间的关系

在试验期间允许试品上偶然断电，但总累计断电时间不得超过 24h，中断的时间不计入试验的持续时间内，最终的测量应再持续施加电压 100h 后进行。在允许的温度范围内，所有的测量应在相同温度±1K 下进行。

用于试验程序中的电压是修正的最大持续运行电压 $U_{ct}$，包括电压分布不均匀的影响，通过电压分布测量或计算来确定该电压。

对于高度低于 1m 的避雷器，除了那些具有导电接地壳体的避雷器，如 GIS 避雷器、液浸式避雷器、外壳不带电避雷器或屏蔽的可分离避雷器外，都可用下式确定电压

$$U_{ct} = U_c (1 + 0.15H)$$

式中　$H$——避雷器总的高度，m。

若 3 只电阻片试品的试验满足下列判据，则认为试验通过：

（1）从测量的最小功率损耗 $P_{min}$ 点开始到试验结束期间，测量的最大功率损耗应不超

过 $1.3P_{min}$。

（2）在老化试验期间，测量的所有功率损耗（包括 $P_{end}$）应不大于 $1.1P_{start}$。

### 6.2.5 工频电压耐受时间特性试验

工频电压耐受时间特性试验的目的是验证避雷器耐受暂时过电压（TOV）的能力。TOV 是持续时间从 0.1s 到 3600s 的工频过电压。

制造商公布的资料中应包括以时间为横坐标和以标幺值（以额定电压 $U_r$ 为基准值）为纵坐标的曲线。另外，制造商应用表格形式列出从曲线中得到的对应于时间点 0.1s、1s、10s、100s 和 1000s 的 TOV 值，并应包括有预注能量（电荷）和无预注能量（电荷）的数据。应注明公布的曲线和列表适用于避雷器额定值的范围。

有预注能量并耐受 10s 时间的 TOV 值应不小于 $U_r$。

试品应为热比例单元。比例单元的额定电压应不小于 3kV，但不超过 12kV。另外，也可采用额定电压为 9～12kV 的避雷器，只要它的降温速度是该系列所有额定电压等级避雷器中降温速度最慢的就可以。

应对试品进行下列试验：

（1）时间试验范围：

1）0.1～1s。

2）1.1～10s。

3）10.1～100s。

4）101～3600s。

（2）有预注能量试验：在上述列出的 4 个持续时间范围，每一个持续时间范围对应 1 只试品。

（3）无预注能量试验：在上述列出的 4 个持续时间范围选择 2 个持续时间范围，每一个持续时间范围对应 1 只试品。

对于给定类型和设计的避雷器，如果使用多种尺寸的电阻片，对于 TOV 试验比例单元用的电阻片应有在单位 $U_c$ 下的最小体积。

试验程序图如图 6-2 所示。

#### 1. 初始试验

试品应进行下列初始试验：标称放电电流下的残压试验；参考电压试验；电流分布试验（多柱并联避雷器）。

试验电源的频率为 48～62Hz。额定试验频率（50Hz 或 60Hz）应在公布的数据中注明。在施加过电压期间应测量避雷器端子间的工频电压峰值，最小的测量峰值除以 $\sqrt{2}$，并用 $U_r$ 表示基准值的标幺值。

电压源容量不足时，电压失真可导致在规定的电压峰值下比理想的正弦电压波要注入更高的能量。因此建议使用短路电流不小于 3kA 的电源，避免在规定的电压峰值下将不符合实际的高能量注入试品，经制造商同意，允许电压波形产生一定的畸变并按峰值除以 $\sqrt{2}$ 计算 $U_r$ 倍数，此时试验偏于严格。

初始试验
（1）标称放电电流下的残压试验
（2）参考电压试验
（3）电流分布试验（多柱并联避雷器）

确定持续运行电压和额定电压

预热到起始温度

有预注能量试验（4 只新试品，仅用于 $I_n \geqslant 10\text{kA}$ 的避雷器）
（1）电站类避雷器
在 3min 之内，通过 1 次或多次长持续时间冲击电流、正弦半波冲击电流或雷电冲击放电电流（$U_s > 40.5\text{kV}$ 无间隙线路用避雷器），注入额定热能量 $W_{th}$
（2）配电类避雷器
在 1min 内，通过 2 次 8/20 雷电冲击电流，注入额定热转移电荷 $Q_{th}$
（3）按 TOV 曲线（在 100ms 内），施加试验电压和持续时间
（4）施加 $U_c$ 至少 30min（直至热稳定或热崩溃）

无预注能量试验（2 个新的试品）
（1）按 TOV 曲线，施加试验电压和持续时间
（2）施加 $U_c$ 至少 30min（直至热稳定或热崩溃）

试验评价
（1）热稳定
（2）没有机械损伤
（3）标称放电电流下的残压变化不超过 ±5%

图 6-2　工频电压耐受时间特性试验程序（TOV 试验）

试验应在 20℃±15K 静止空气中的热比例单元上进行。应有足够的加热时间使试品达到热平衡，电阻片的温度应不小于起始温度 $\theta_{start}$。应采用合适的方法证明在热稳定试验开始时满足起始温度的要求。

2. 有预注能量试验

试验仅适用于 $I_n \geqslant 10\text{kA}$ 的避雷器。预注能量试验应在 4 个新的试品上进行。

制造商应公布 4 个时间段在预注能量情况下的 TOV 数据。预注能量包括注入的额定热能量 $W_{th}$ 或额定热转移电荷 $Q_{th}$，如果是多柱并联避雷器，则采用电流分布不均匀系数进行校正。应测量注入的能量或者电荷，并对公布的预注能量 TOV 数据进行说明。

对于使用在无清除接地故障装置的中性点绝缘系统或谐振接地系统，增加 1 只试品在 24h 时间点的试验。

3. 无预注能量试验

试验适用于所有标称放电电流的避雷器。无预注能量试验应在两个新的试品上进行。制造商应公布 4 个时间范围中的两个在无预注能量下的 TOV 数据。

对于使用在无清除接地故障装置的中性点绝缘系统或谐振接地系统，增加 1 只试品在 24h 时间点的试验。

4. 试验评价

如果满足下列所有条件，则试验通过：已验证热稳定；没有机械损伤。

试验前后标称放电电流下的残压变化不超过 ±5%。

当对所有试品在 TOV 和相应的持续时间不小于曲线所示值下进行了试验，并且所有试品通过了试验，则制造商公布曲线通过了验证。所有试验的点应标注在曲线上。

#### 6.2.6　工频参考电压试验

对避雷器或避雷器元件［避雷器元件是一个完全封装好的避雷器部件，可与其他元件串联和（或）并联，构成更高额定电压和更大标称放电电流等级的避雷器］施加工频电压，当通过试品的阻性电流等于工频参考电流时，测出试品上的工频电压峰值。参考电压等于该工频电压峰值除以 $\sqrt{2}$，如果参考电压与极性有关，则取低值。试验环境温度为 20℃±15K。

可近似认为，试验电压峰值处对应的全电流瞬时值为阻性电流分量的峰值。例行试验时，额定电压为 42kV 以下的避雷器，可不做该试验。

#### 6.2.7　直流参考电压试验

对避雷器（或避雷器元件）施加直流电压，当通过试品的电流等于直流参考电流时，测出试品上的直流电压值。如果参考电压与极性有关，则取低值。

直流电压纹波因数应不超过±1.5%。

试验环境温度为 20℃±15K。

GIS 避雷器进行该试验时应在装配前全部电阻片上进行。

#### 6.2.8　0.75 倍直流参考电压下漏电流试验

对避雷器施加 0.75 倍直流参考电压，测量通过避雷器的漏电流，如果漏电流与极性有关，则取高值。GIS 避雷器进行该试验时应在装配前全部在电阻片上进行。

#### 6.2.9　局部放电试验

型式试验应在整只避雷器上进行，并应按实际运行情况安装。

经供需双方同意，型式试验可以在避雷器元件上进行。此时，应该对避雷器最长的电气元件进行试验，如果其不代表避雷器单位长度最高的电压应力，应该对具有最高电压应力的元件进行附加试验。

试验时，试品可以采取屏蔽措施以防止外部的局部放电。

防止外部局部放电采取的屏蔽措施不应影响避雷器的电压分布。

试验时，施加在试品上的工频电压应升至额定电压，保持 2～10s，然后降到试品的 1.05 倍持续运行电压，在该电压下，按照 GB/T 7354—2018《高电压试验技术局部放电测量》规定测量局部放电，测得的内部局部放电值应不大于 10pC。例行试验时，生产商可在额定电压或者更高电压下进行局部放电测量，而不用降到试验电压，以提高试验效率。

例行试验时，内部局部放电试验可以在整只避雷器或避雷器元件上进行。额定电压为 42kV 以下的避雷器，可不做该试验。

#### 6.2.10　无线电干扰电压试验

本试验适用于 $U_s \geqslant 72.5kV$ 的空气绝缘敞开式电站用的避雷器。对于同一类避雷器，该试验应在最长的具有最高额定电压的避雷器上进行。如果较低额定电压避雷器的配件与已在高额定值避雷器上通过试验验证合格的配件完全相同，则不需要进行试验。

如果相同的避雷器已经通过了局部放电试验，此时避雷器在没有使用屏蔽装置情况下，同时测避雷器内部和外部放电，则可以免做无线电干扰电压试验。

试验的避雷器应完全组装好，并且包括制造商提供的避雷器标准配置的配件。

试验电压施加在端子和接地底座之间。

避雷器的接地部分应连接到地。应注意避免由于避雷器及试验和测量回路附近的接地或不接地物体影响测量。

测量回路应优先调整测量回路的频率为 0.5MHz，偏差为 10%，也可使用 0.5～2MHz 范围内的频率，记录测量频率。

如果使用与 GB/T 11604—2015《高压电气设备无线电干扰测试方法》规定不同的测量阻抗，其不应大于 600Ω 或小于 30Ω。在任何情况下，相位角不应超过 20°。假设所测电压与阻抗成正比，则可计算出相对于 300Ω 时的无线电干扰电压。

滤波器 F 应有高阻抗，从试验的避雷器看去，高压导线和地之间的阻抗不会有明显的分路。该滤波器还减少了试验电路中的无线电频率回路电流，该电流是由高压变压器或由外部源产生的。在测量频率下，合适的阻抗值为 10 000～20 000Ω。

应确保背景无线电干扰水平（由外部电磁场和当施加试验电压时由高压变压器所引起的无线电干扰电压水平），至少是低于规定的试验避雷器无线电干扰水平 6dB。测试仪器的校正方法见 GB/T 11604—2015《高压电气设备无线电干扰测试方法》。

因为无线电干扰水平可能会受落在绝缘子上纤维或灰尘的影响，所以在测试前可用干净的布擦拭绝缘子。试验期间应记录大气条件。无线电干扰测试的校正系数还不知道，但试验可能对较高的相对湿度敏感，如果相对湿度超出 80%，那么试验结果可能受到质疑。

试验程序：

将试验电压增加到 $1.15U_c$，然后降到 $1.05U_c$，保持 5min，$U_c$ 为避雷器的持续运行电压。接着将电压按级差降到 $0.5U_c$，再按级差升高到 $1.05U_c$，保持 5min，最后再按级差降到 $0.5U_c$。每一步都应进行无线电干扰测量，并且应画出在最后的电压降低系列中记录的无线电干扰水平和对应施加的电压值曲线，由此获得的曲线是避雷器的无线电干扰特性。电压级差的幅值约为 $0.1U_c$。

如果在 1.05 倍 $U_c$ 下和较低电压级差下的所有无线电干扰电压均不超过 2500μV，则避雷器通过试验。

### 6.2.11　内部部件绝缘耐受试验

本试验的目的是验证避雷器在高于标称放电电流冲击下避雷器的内绝缘耐受能力。如果可以通过计算证明，避雷器试品最高电场处的场强值不大于已通过试验的避雷器电场强度（在相同或更高电压值下），则无需进行此项试验。另外，如果动作负载试验中的预备性试验在介电特性比例单元上进行，则无需进行此项试验。试验应在 1 只试品上进行试验。试品应为介电特性比例单元，内部不安装温度传感器。

为了有足够的时间获得不小于 60℃ 的热平衡，应在烘箱中加热试品。试验应在从烘箱移出试品后的 10min 内进行。对试品进行一次大电流冲击，记录冲击电流和电压波形。

如果检查波形图没有明显的介电特性击穿现象，试前和试后标称放电电流下残压的变化在 ±5% 之内，并满足以下要求，则试验通过：

（1）如果制造商声明可以将电阻从试品中取出，检查电阻片，其应无击穿、闪络或开裂现象。

（2）如果制造商声明不可以将电阻片从试品中取出，为了验证在试验期间没有发生损伤，应进行下列试验：

在 $I_n$ 下测量残压，对试品进行 2 次 8/20 雷电流冲击，其幅值的电流密度不小于 0.5kA/cm$^2$ 或者 $2I_n$（取低值）。试品应冷却到环境温度后，进行 2 次雷电流冲击，2 次的时间间隔为 50～60s。在 2 次雷电流冲击期间，在电流电压波形图上没有出现任何电击穿现象。

### 6.2.12 重复转移电荷试验

试验的目的是验证避雷器的重复转移电荷 $Q_{rs}$ 能力。重复转移电荷能力是指避雷器的电阻片能耐受 20 次冲击电流，而没有机械损伤和不可接受的电气损伤。该冲击电流代表发生在实际系统的转移电荷。该试验是在电阻片上进行的，额定重复转移电荷 $Q_{rs}$ 列于下面，试验电荷值为选定额定值的 1.1～1.2 倍。

0.1～1.2C，级差为 0.1C。

1.2～4.4C，级差为 0.4C。

4.4～10C，级差为 0.8C。

10～20C，级差为 2C。

20C 以上，级差为 4C。

试验前后每只试品应进行标称放电电流残压试验和参考电压试验。对于多柱并联避雷器的电阻片，试验时的标称放电电流是电阻片在不同的设计中最高的标称放电电流。每只试品耐受 20 次冲击电流，共分为 10 组，每组 2 次，2 次冲击电流的时间间隔为 50～60s，2 组之间的时间间隔应能够使试品冷却到环境温度。

试验程序简图如图 6−3 所示。

1. 波形和持续时间

（1）电站类避雷器：视在总持续时间为 2～4ms 的长持续时间（方波）冲击电流或总持续时间为 2～4ms 的正弦半波冲击电流。

（2）$U_s$＞40.5kV 无间隙线路用避雷器：正弦半波冲击电流，其冲击电流超过 5% 峰值的持续时间为 200～230μs。

（3）配电类避雷器：8/20 雷电冲击电流。

2. 每次冲击的电荷量

（1）单柱避雷器：不小于 1.1 倍的额定重复转移电荷。

初始试验
（1）标称放电电流下的残压试验
（2）参考电压试验

重复转移电荷试验
（1）1.1 倍重复转移电荷试验 $Q_{rs}$
（2）第 1 试验序列：每只试品耐受 20 次电流冲击（10 只试品）
（3）如果在第 1 试验序列中不合格试品数量不超过 1 只：通过试验
（4）如果在第 1 试验序列中不合格试品数量不超过 2 只：再选择 10 只试品进行第 2 试验序列，每只试品耐受 20 次电流冲击
（5）如果在第 1 试验序列中不合格试品数量超过 2 只，或在第 2 试验序列中有不合格试品：不通过试验

试验评价
（1）检查试品，没有机械损伤
（2）参考电压的变化不超过 ±5%
（3）标称放电电流下的残压变化不超过 ±5%
（4）进行一次峰值电流密度不小于 0.5kA/cm² 的 8/20 冲击电流或 2 倍标称放电电流冲击耐受（取低值），没有机械损伤

图 6-3　重复转移电荷 $Q_{rs}$ 的试验程序简图

（2）多柱并联避雷器：不小于 1.1 倍的额定重复转移电荷，并除以并联柱数，再乘以电流分布系数。

满足下列任何一条，则试验通过：

（1）在第 1 试验序列中，不合格的试品不超过 1 只。

（2）在两个试验序列中，不合格的试品不超过 2 只。

如果满足下列所有条件，则认为试品耐受了完整系列的冲击电流：

（1）无机械损伤痕迹（击穿、闪络或开裂）。

（2）试验前后（在相同温度 ±3K 下测量），参考电压的变化不超过 ±5%。

（3）试验前后，标称放电电流下的残压变化不超过 ±5%。

（4）进行一次峰值电流密度不小于 0.5kA/cm² 的 8/20 冲击电流或 2 倍标称放电电流冲击耐受（取低值），没有机械损伤。

### 6.2.13　持续电流试验

当进行型式试验时，持续电流试验应在整只避雷器上进行，对试品施加持续运行电压，测量通过试品的全电流和阻性电流。如果在避雷器的元件上进行时，所施加的持续运行电压按整只避雷器的额定电压与元件额定电压的比例计算。试验环境温度为 20℃ ±15K。

当进行例行试验时，持续电流试验可在整只避雷器或避雷器元件上进行。额定电压为 42kV 以下的避雷器，可不做该试验。

### 6.2.14　电流分布试验

电流分布试验将对所有并联的电阻片组进行。并联电阻片组是组装的一部分，在这部分中没有使用柱间中间电连接。制造商可以在 0.01～1 倍标称放电电流的范围内规定一适当的冲击电流，在该电流下测量通过每柱的电流。最大电流值不超过生产商规定的上限。冲击电流的视在波前时间不超过 7μs，半峰值时间可以是任意值。

如果在设计中所用并联电阻片组的额定电压值比试验设备能提供的电压高时，该试验中

并联电阻片组的额定电压就可以通过引入柱间的中间电气连接来降低,这样就建立了几个人工的并联电阻片组。每个人工的并联电阻片组应通过所规定的电流分布试验。

### 6.2.15 动作负载试验

动作负载试验的目的是验证避雷器在注入额定热能量 $W_{th}$ 或额定的热转移电荷 $Q_{th}$ 之后,分别在施加暂时过电压和随后的持续运行电压下的热稳定性。试验在 3 只试品上进行。

对于电站类避雷器,额定热能量值 $W_{th}$(单位为 kJ/kV,额定电压 $U_r$)应从下列数值中选取:

在 1～5kJ/kV 范围内,级差 0.5kJ/kV。

在 5～16kJ/kV 范围内,级差 1kJ/kV。

在 16～30kJ/kV 范围内,级差 2kJ/kV。

在 30kJ/kV 以上,级差 6kJ/kV。

对于配电类避雷器,其额定热转移电荷值 $Q_{th}$ 从表 6-2 中选取。

表 6-2 额定热转移电荷值 $Q_{th}$

| 标称放电电流 /kA | $Q_{th}$ 额定值 /C | 每次冲击的 $Q_{th}$ /C | 8/20 电流幅值 /kA(近似值) |
|---|---|---|---|
| 2.5 | 0.45 | 0.23(±10%) | 14 |
| 5 | 0.7 | 0.35(±10%) | 22 |
| 10 | 1.1 | 0.55(±10%) | 34 |

对于 $U_s>40.5$kV 无间隙线路用避雷器,其额定热能量值 $W_{th}$(单位为 kJ/kV,额定电压 $U_r$)按下列分级选取:1,1.5,2,2.5,3,3.5,4,4.5,5,6,7,8,9,10,11,12,13,14,15,16,17,18,19,20。

初始试验和预备性试验可以在静止空气中的电阻片上,或介电特性比例单元上进行,环境温度为 20℃±15K。

电压测量间的相对不确定度应不大于±1%。可通过合适的方法达到测量不确定度的要求,例如:通过采用相同的测量装置或对所有使用的测量装置校准到±1%。从空载到满载电压峰值的变化应不大于 1%。电压峰值与有效值之比与 $\sqrt{2}$ 的偏差应不大于 2%,在动作负载试验期间,工频电压与规定值的偏差应不大于±1%。

试验程序图如图 6-4 所示。

在预备性试验中,对试品应进行表 6-4 规定的大电流冲击。

应对试品进行 2 次大电流冲击。预备性试验可在介电特性比例单元上进行,两次冲击的时间间隔应能使试品冷却到环境温度。

冲击电流极性应相同,并且其极性应与热稳定试验中注入能量和转移电荷的冲击电流的极性相同。

在预备性试验后,试品应在室温下贮存。如果预备性试验在介电特性比例单元上进行,贮存前电阻片应从比例单元中移出。在热稳定试验前,不应对试品施加电压和电流应力。

预备性试验
（1）热等价试验
（2）确定热稳定试验的起始温度

初始试验
（1）标称放电电流下的残压试验
（2）参考电压试验
（3）电流分布试验（多柱并联避雷器）

确定持续运行电压与额定电压

预备性试验
电站类避雷器
（1）2 次大电流冲击
配电类避雷器
（2）2 次大电流冲击

贮存备用

预热到起始温度

电站类避雷器
（1）在 3min 之内，通过 1 次或多次长持续时间冲击电流或正弦半波冲击电流或雷电冲击放电（$U_S$>40.5kV 无间隙线路用避雷器），注入额定热能量 $W_{th}$
配电类避雷器
（2）在 1min 内，通过 2 次 8/20 雷电冲击电流，注入额定热转移电荷 $Q_{th}$

施加 $U_t$ 持续 10s（在注入能量或电荷后不超过 100ms）

施加 $U_c$ 至少持续 30min（直到证明通过或不通过试验）

试验评价
（1）热稳定
（2）没有机械损伤
（3）标称放电电流下残压的变化不超过±5%

图 6−4　额定热能量 $W_{th}$ 和额定热转移电荷 $Q_{th}$ 试验程序

在高温下长时间加热试品、施加交流电压或者施加反极性的冲击电流，会使试品从可能的电气老化中恢复，因此是不允许的。大电流冲击要求见表 6−3。

表 6−3　　　　　　　　　　　　大 电 流 冲 击 要 求

| 避雷器等级/kA | 4/10 电流峰值/kA |
|---|---|
| 20、10 | 100 |
| 5 | 65 |
| 2.5 | 25 |
| 1.5 | 10 |

注：根据运行条件电流峰值可以取其他值（较低或较高）。

设备调整使得冲击电流的测量值在下列范围内：
• 规定峰值的 90%～110%。
• 视在波前时间为 3.5～4.5μs。
• 视在波尾半峰值时间为 9～11μs。

· 任何反极性电流波的峰值应小于电流峰值的20%。

· 冲击波上小的振荡是允许的，只要在接近冲击峰值时的幅值小于峰值的5%，在这种情况下测量，应采用平均曲线来确定峰值。

在注入能量或转移电荷前，电阻片的温度应不低于起始温度。

应在规定时间内注入每只试品的能量或转移电荷：

（1）电站类避雷器：在3min内，采用视在总持续时间2～4ms的长持续时间（方波）冲击电流或总持续时间2～4ms的正弦半波冲击电流注入能量。只要在规定的3min内完成规定的注入能量，冲击电流的次数由制造商选择。注入的累积能量应为：

1）单柱避雷器：1.0～1.1倍规定的额定热能量。

2）多柱并联避雷器：1.0～1.1倍规定的额定热能量乘以电流分布系数。

（2）$U_s$>40.5kV无间隙线路用避雷器：正弦半波冲击电流，其冲击电流超过5%峰值的持续时间为200～230μs。

（3）配电类避雷器：在1min内，采用2次8/20雷电冲击电流注入电荷，其值应不低于从表6-2中选取的额定热转移电荷。

在注入能量或电荷后，应尽可能快且在不超过的100ms内向试品施加10s额定电压$U_r$，然后再接着施加至少30min持续运行电压$U_c$，来验证热稳定。在施加工频电压期间应监测试品的电流阻性分量或功率损耗或温度，也可以监测三者的任意组合，直至测量值明显减少（热稳定），但不少于30min，或测量值没有减小而导致试品最终损坏的情况（热崩溃）。

如果满足下列所有条件，则试验通过：

1）已验证热稳定。

2）没有机械损伤。

3）试验前后标称放电电流下的残压变化不超过±5%。

### 6.2.16 短路试验

短路试验的目的是验证避雷器故障时不会导致避雷器外套发生不可接受的爆炸，并且在规定的时间内明火（如果有）自熄灭。每种类型避雷器最多在4个短路电流值下进行试验。如果避雷器装备了其他装置以代替常规压力释放装置，试验时应包括该装置。

短路试验电流的频率应为48～62Hz。

短路电流特性对于区分两种避雷器设计是非常重要的。

"设计A"避雷器是一种沿避雷器元件的整个长度都有气体通道的设计，并且内部气体容积大于或等于除内部功能元件外剩余内部容积的50%。

"设计B"避雷器是一种没有封闭气体的设计，或者内部气体容积小于除内部功能元件外剩余内部容积的50%。

大电流试验时，对于每个不同的避雷器设计，试品应是具有最高额定电压的最长避雷器元件。

小电流试验时，对于每个不同的避雷器设计，试品应是具有最高额定电压的任何长度的避雷器元件。

应使用熔丝来导通短路电流的方法来准备试品。熔丝应沿着并紧贴电阻片表面，并且设置在气体通道内或者尽可能地靠近气体通道，并将所有的避雷器内部功能元件进行短路。应选择熔丝的材料和尺寸，以便对于大的和减小的短路电流试验在电流触发后的第 1 个 30 电角度内的熔丝熔断。对于小的短路电流试验，没有熔断时间限值。为了使熔丝在规定时间内熔断和为点燃电弧创造合适的条件，建议使用 0.2～0.5mm 直径的低阻材料的熔丝（例如铜、铝或银）。对于大的短路试验电流使用大的截面熔丝来制备避雷器元件。当电弧触发有问题，可以使用有助于电弧建立的大截面的熔丝，但直径不应超过 1.5mm。使用沿着大部分避雷器长度上有较大截面和在中间有一段短的小截面的特殊制备的熔丝，也可以帮助电弧建立。在试品中应填充与在避雷器中相同的介质（气体）。

由于复合外套结构避雷器内部大部分填充绝缘材料，内部无任何气隙，按上述方法试验电弧很难建立和维持，试验电流的总持续时间达不到 0.2s。故此类"设计 B"避雷器用工频过电压对完整的避雷器元件进行电气预故障。在预故障击穿后和开始短路电流试验期间，不应对试品进行任何的改变。

施加的工频过电压应大于 1.15 倍的 $U_c$，该电压应使避雷器在（5±3）min 内发生故障。当电阻片两端的电压降到初始施加电压的 10%以下时，认为电阻片故障。预故障试验回路的短路电流不应大于 30A。

预故障试验和额定短路电流试验之间的时间不应大于 15min。

通过采用施加电压源或电流源来达到试品预故障。

对于非座式安装的避雷器（例如，杆塔安装的避雷器），试品应安装在非金属杆上，使用安装支架和通常用于实际安装的金具。为了试验的目的，安装支架应认为是避雷器基座的一部分。如果上述情况与制造商的使用说明书不同时，避雷器应当按照制造商推荐的方法安装。绝缘基座和电流传感器之间的全部导线应当有至少 1000V 的绝缘强度。试品的顶端应装配具有与避雷器相同设计的绝缘基座或顶盖。

对于座式安装避雷器，试品的底部部件应安装在与同圆形或方形围栏等高的试验基座上。试验基座应为绝缘材料制成，或者当试验基座的表面尺寸小于避雷器底部部件的表面尺寸可以使用导电材料。使用的基座和围栏应放置在绝缘平台的顶部。对于非座式安装避雷器，避雷器的底部采用同样的要求。顶部盖板和除避雷器基座以外的任何其他金属物体（悬浮或接地）之间的电弧距离应该至少为避雷器试品高度的 1.6 倍，但不低于 0.9m。围栏应由非金属材料制成，并且关于试品轴对称布置。围栏高度应为（40±10）cm，直径（如果是正方形围栏，为边长）应至少为 1.8m 或按下列公式中的 D 选取。在试验期间，围栏不允打开或移动

$$D = 1.2(2H + D_{arr})$$

式中　　$H$——试验避雷器元件的高度；

　　$D_{arr}$——试验避雷器元件的直径。

表 6-4 为避雷器的短路试验要求。

1. 大电流短路试验

试验应在 3 只试品上进行，试验电流值应从表 6-5 中所列的额定短路电流值中选择。

试验回路应具有试品额定电压 77%~107% 的开路试验电压。然而，对电压高的避雷器进行试验时，试验站可能没有足够大的短路容量时，可以在小于 77% 的试验试品额定电压下进行试验。在回路中测得通过的试验电流的总持续时间应当大于或等于 0.2s。

表 6-4　　　　　　　　　　　　　避雷器的短路试验要求

| 类型 | 试品数量 | 短路电流触发 | 第一个电流峰值与表 6-5 要求的短路电流有效值的比率 | | | | | |
| --- | --- | --- | --- | --- | --- | --- | --- | --- |
| | | | 试验电压：（77%~107%）$U_r$ | | | 试验电压：小于 77% $U_r$ | | |
| | | | 额定短路电流 | 降低的短路电流 | 小短路电流 | 额定短路电流 | 降低的短路电流 | 小短路电流 |
| 设计 A | 4 | 熔丝沿电阻片表面；在气体通道内或者尽可能接近 | 预期电流：≥2.5 实际电流：不要求 | 预期电流：≥$\sqrt{2}$ 实际电流：不要求 | 实际电流：≥$\sqrt{2}$ | 实际电流：≥2.5 | 实际电流：≥$\sqrt{2}$ | 实际电流：≥$\sqrt{2}$ |
| 设计 B | 4 | 熔丝沿电阻片表面；尽可能远离气体通道 | 预期电流：≥$\sqrt{2}$ 实际电流：不要求 | 预期电流：≥$\sqrt{2}$ 实际电流：不要求 | 实际电流：≥$\sqrt{2}$ | 实际电流：≥$\sqrt{2}$ | 实际电流：≥$\sqrt{2}$ | 实际电流：≥$\sqrt{2}$ |

表 6-5　　　　　　　　　　　　　短 路 试 验 的 电 流 值

| 避雷器等级（标称放电电流）/kA | 额定短路电流 $I_S$/kA | 降低的短路电流（±10%）/kA | | 持续时间为 1s 的小短路电流/A |
| --- | --- | --- | --- | --- |
| 20 或 10 | 80 | 50 | 25 | 600±200 |
| 20 或 10 | 63 | 25 | 12 | 600±200 |
| 20 或 10 | 50 | 25 | 12 | 600±200 |
| 20 或 10 | 40 | 25 | 12 | 600±200 |
| 20 或 10 | 31.5 | 12 | 6 | 600±200 |
| 20、10 或 5 | 20 | 12 | 6 | 600±200 |
| 10 或 5 | 16 | 6 | 3 | 600±200 |
| 10、5、2.5 或 1.5 | 10 | 6 | 3 | 600±200 |
| 10、5、2.5 或 1.5 | 5 | 3 | 1.5 | 600±200 |
| 10、5、2.5 或 1.5 | 2.5 | — | — | 600±200 |
| 10、5、2.5 或 1.5 | 1 | — | — | 供需双方协商确定的幅值和时间 |
| 10、5、2.5 或 1.5 | <1b | — | — | 供需双方协商确定的幅值和时间 |

（1）在 77%~107% 的额定电压下的大电流短路试验。应将避雷器用阻抗可忽略的连杆短路或代替进行试验，来测量预期电流。

该试验的持续时间应被限制到测量电流波形的峰值和对称分量的最小时间。

对于"设计 A"避雷器的额定短路电流试验，预期电流的第一个半波峰值应至少为从表 6-5 中选择的额定短路电流有效值的 2.5 倍。随后的对称分量有效值应当等于或大于额定短路电流。即使预期电流对称分量的有效值可能更高，试验电流应为预期电流峰值除以 2.5。由于大的预期电流，避雷器可能会遭受更为苛刻的负载，因此需征得制造商的同意才能在 $X/R$ ＜15（$X$ 为电抗，$R$ 为阻抗）下进行试验。

对于"设计 B"避雷器的额定短路电流试验，预期电流的第一个半波峰值应至少为额定短路电流有效值的 $\sqrt{2}$ 倍。

对于所有降低的试验电流，其有效值应按表 6-5 选取，并且预期电流的第一个半波峰值应至少为该电流有效值的 $\sqrt{2}$ 倍。

在检查预期电流后应拆除固体短路连接板，并在相同的回路参数下对避雷器试品进行试验。

避雷器内部限制电弧的电阻，可能会降低测量电流的对称分量有效值及峰值。这不会使得试验无效，因为试验至少在标称运行电压下进行的，并且对试验电流的影响与实际运行中的故障情况是相同的。

在没有连接避雷器时，试验回路 $X/R$ 应至少为 15。如果试验回路 $X/R$＜15，可以增加试验电压或者减少阻抗，使得对于额定短路电流，预期电流的第一个半波峰值等于或者大于 2.5 倍的要求试验电流值。

（2）在低于 77%额定电压下的大电流短路试验。当试验回路电压小于试验试品额定电压的 77%时，以这种方式调整试验回路参数，实际避雷器试验电流的对称分量有效值应不小于从表 6-5 中选择的要求试验电流值。

对于"设计 A"避雷器的额定短路电流试验，避雷器试验电流的第一个半波峰值应不小于从表 6-5 选择的额定短路电流有效值的 2.5 倍。随后的对称分量有效值应当不小于额定短路电流。即使实际避雷器试验电流对称分量的有效值可能更大，试验电流为实际避雷器试验电流峰值除以 2.5。

对于"设计 B"避雷器的额定短路电流试验，实际避雷器试验电流的第一个半波峰值应不小于额定短路电流有效值的 $\sqrt{2}$ 倍。

对于所有降低的短路电流，其有效值应按表 6-5 选取，并且实际避雷器的试验电流的第一个半波峰值应不小于该电流有效值的 $\sqrt{2}$ 倍。

2. 小电流短路试验

试验可以在通过避雷器试品的电流等于 600A±200A（有效值）的试验回路上进行，电流值是在电流开始流过避雷器后约 0.1s 时测得的。电流应持续 1s，或对于"设计 A"避雷器直到压力释放发生为止。

如果同时满足下列条件，则通过试验：

（1）无强烈的粉碎性爆炸。只要满足条件（2）和（3），允许试品的结构损坏。

（2）不允许在围栏外找到试品的部件，除非：

1）瓷材料碎片每片小于 60g，如电阻片或瓷外套碎片。

2）压力释放盖板和防爆膜。

3）聚合物材料的柔软部件。

（3）避雷器应在试验后 2min 内自动熄灭明火。任何喷出的部件（围栏内或外）必须在

2min 内自动熄灭明火。

### 6.2.17 大电流冲击耐受试验

大电流冲击耐受试验时应从同批被试电阻片中抽取工频参考电压（或直流参考电压）最高者 5 片，进行此项试验。试品应耐受两次冲击，不应有击穿、闪络等损坏。两次间隔时间应能使电阻片冷却到环境温度。

试验电流值应按表 6-3 规定，波形为 4/10。波形调整范围如下：
- 电流峰值为规定值的 90%~110%。
- 视在波前时间为 3.5~4.5μs。
- 视在半峰值时间为 9~11μs。
- 任何反极性电流波的振荡峰值应小于电流峰值的 20%。
- 允许冲击波上有小振荡，但其峰值应小于峰值的 5%。

为了测量，可以用一条平均曲线确定峰值。

### 6.2.18 散热特性试验

在动作负载试验和工频电压耐受时间特性试验中，试品的性能在很大程度上取决于试品散热能力，即通过冲击电流后冷却下来的能力。

为了从试验中获得准确的数据，试品应具有等价于整只避雷器的瞬态和稳态的散热特性和热容量。在同样的环境条件下和承受相同电压应力时，原则上试品和整只避雷器中的电阻片应达到相同温度。比例单元的额定电压应不低于 3kV。

在验证热等价时，可能需要装入一些不属于避雷器设计中的部件。在能量或电荷注入期间，应确保该部件的装入不会影响试品的绝缘强度。

热比例单元也可以是避雷器或避雷器元件。

在有两柱或多柱电阻片并联的情况下，热比例单元应包含有与避雷器相同的并联柱数。如果能够验证单柱的热比例单元与避雷器热等价，当供需双方协商一致时，多柱并联避雷器的热比例单元可以采用单柱的热比例单元进行试验。

对于多柱设计的 GIS 避雷器，如果验证单柱的热比例单元可以热等价，则可采用单柱的热比例单元。

试验首先应对整只避雷器或避雷器元件进行试验，该避雷器元件是多元件避雷器中单位长度装有电阻片最多的元件，然后对比例单元进行试验。

1. 整只避雷器或元件的试验

将整只避雷器或多元件避雷器中单位长度装有电阻片最多的元件，置于环境温度为 20℃±15K 的静止空气中，试验过程中环境温度变化应保持在 ±3K 以内。应将热电偶和/或温度传感器贴在电阻片上，例如使用光纤技术测量温度的传感装置。测量点应足够多以便计算出平均温度，或者制造商可以仅选择距顶部距离为避雷器或避雷器元件长度的 1/2~1/3 之间的某一点作为测温点。后一种方法将得出一个保守的结果，因此可作为一种简化方法。

通过施加幅值大于工频参考电压的工频电压，使电阻片温度在不超过 1h 内加热到至少

140℃。如果测量多片电阻片时，温度应取平均值。如仅测量 1/2～1/3 的某一点，则温度取该点温度值。

在内部设计为多柱的情况下，需采取措施使所有电阻片柱达到相同的温度，例如，通过在每个元件的每个柱上附加一个或多个线性电阻，线性电阻质量不应超过相应柱中电阻片质量的 5%，并且应将这些线性电阻直接装在电阻片柱的顶部或底部。如果不能采取内部装线性电阻的办法，另一种选择是在金属法兰上装小套管，将线性电阻放置在套管外。

对所有电阻片柱都应测定温度，每柱的平均温度作为每柱的温度。平均温度为 140℃时，在各柱同一高度处所测得的最高温度与最低温度之差不得大于 20K。

当达到预定温度时，切断电源，测定不小于 2h 的冷却时间曲线，至少每分钟测一次温度，对于多点测量情况，应绘制出平均温度—时间曲线。

2. 热比例单元试验

应在静止空气的环境中对热比例单元进行试验，用与整只避雷器或元件试验相同的方法进行。

环境温度应保持在整只避雷器或避雷器元件试验过程中环境温度的±10K 范围内，在试验过程中环境温度偏差应在±3K 范围内。施加工频电压加热比例单元获得高于环境温度的温升，并且在整只避雷器或元件试验温升值的±10K 以内。试验所选的电压值应使比例单元的加热时间和整只避雷器或元件的加热时间相近。

如果比例单元仅为一柱，并串有多片电阻片，应测量所有电阻片的温度，计算出其平均温度，与整只避雷器进行比较。

对于两柱或多柱电阻片柱并联结构，通过施加工频电流进行加热，如果达到最高温度，各柱间最低温度和最高温度差不能满足小于 20K 时，应采用以下两种方法之一进行试验：可通过单独的套管与交流电压源连接，用外部线性电阻来平衡各柱间的电流分布，不允许用内串线性电阻来平衡每柱温度；或者可通过按一定时间间隔的长持续电流冲击来进行加热，获得的全部加热时间与前述避雷器或元件的加热时间相同。

通过测量每柱上的几个电阻片的温度得出其平均温度，或者只测量位于比例单元顶部 1/2～1/3 的某个电阻片的温度。当比例单元达到预定温度时应切断电源，并测出时间不少于 2h 的冷却时间曲线。

绘出整只避雷器或元件和比例单元的冷却曲线，以显示它们的相对温升。相对温升 $T_{rel}$ 由下式给出

$$T_{rel} = (T - T_A)/(T_0 - T_A)$$

式中　$T$ ——冷却过程中测得的温度；

$T_A$ ——试验过程中的平均环境温度；

$T_0$ ——最高加热温度。

为了证实比例单元的热等价性，在冷却曲线的所有时刻，比例单元的相对温升应等于或者高于整只避雷器或元件的相对温升。

在测得的冷却曲线任何时刻点，如果测得的比例单元冷却曲线比整只避雷器或元件的冷

却曲线低，就需要对相对温升 $T_{\text{rel}}$ 增加补偿因数 $k$ 进行修正。以便在整个冷却阶段，比例单元的冷却曲线比整只避雷器或元件的冷却曲线高或者相重合。在热稳定试验时，起始温度也应相应增加，增加值为 $k(T_0 - T_A)$，其中，$(T_0 - T_A)$ 是在比例单元或整只避雷器（或元件）试验中的最大温差值。

### 6.2.19 弯曲负荷试验

本试验验证避雷器耐受制造商宣称的弯曲负荷的能力。

（1）瓷外套避雷器弯曲负荷试验可以按以下两部分任意顺序进行：

1）确定平均破坏负荷（mean value of breaking load，MBL）的弯曲负荷试验。

2）试验负荷等于规定的短期负荷（Specified short-term load，SSL）的静态弯曲负荷试验。

（2）复合外套避雷器弯曲负荷试验可以按以下三部分（$U_s \leqslant 40.5\text{kV}$ 的避雷器为两个步骤）的顺序进行：

1）3 只试品全部应耐受试验负荷等于规定长期负荷（Specified long-term load，SSL）的 1000 次循环试验。

2）两只试品应进行静态弯曲负荷试验，试验负荷等于规定的短期负荷。第三只进行热机预处理试验。

3）3 只试品全部进行水浸入试验。$U_s \leqslant 40.5\text{kV}$ 的避雷器不进行循环试验。

1. 瓷外套避雷器试验程序

（1）平均破坏负荷试验程序。试验在 3 只带绝缘底座（如果装有）的避雷器元件试品上进行。对每个试品在 30～90s 时，弯曲负荷应平稳增加直到破坏。"破坏"包括外套的断裂和固定装置或端部部件的损坏。

计算试品的破坏负荷的平均值作为平均破坏负荷。

（2）短期负荷试验程序。试验在 3 只避雷器元件或避雷器元件带绝缘底座（如果装有）试品上进行，对于 $U_s \geqslant 252\text{kV}$ 的避雷器，也可在 1 只整只避雷器试品上进行。试验试品应包含内部部件。试验前，对每个试验试品应进行密封试验和局部放电试验。如果在型式试验中已经进行了密封试验和局部放电试验，则此次不需重复试验。

对每个试品，在 30～90s，弯曲负荷平稳增加至 SSL，偏差 $^{+5\%}_0$。当达到试验负荷时，应保持 60～90s，此时测量偏移量。然后应平稳降低负荷至零，记录残余偏移量。在负荷降到零后，应在 1～10min 内测量残余偏移量。

（3）试验评价。如果满足下列要求，则试验通过：

1）MBL $\geqslant$ 1.2SSL。

2）对于 SSL 试验：

① 没有明显的机械损伤。

② 残余永久偏移量小于或等于 3mm 或小于或等于试验时最大偏移量的 10%，取高值。

③ 密封试验通过。

④ 局部放电量不超过规定值。

2. 复合外套避雷器试验程序

试验应在 3 只试品上进行。$U_s$＞40.5kV 的避雷器，试验按三个步骤进行。$U_s$≤40.5kV 的避雷器按两个步骤进行（无第一步骤）。

（1）3 只试品全部应施加弯矩进行 1000 次循环耐受，每次循环在一个方向上的负荷从零增加到规定的 SLL，跟着反方向施加负荷至规定的 SLL，然后回到零负荷。循环运动在形式上大约为正弦，频率为 0.01～0.5Hz。

（2）完成步骤（1）的两只试品进行弯矩试验。弯曲负荷应在 30～90s 内平稳地施加到规定的短期负荷。当到达规定的负荷值时，应维持 60～90s。这个期间应测量避雷器的偏移量，然后应平稳地卸掉负荷。

完成步骤（1）的第三只试品进行热机预处理试验。该试品在四个方向承受规定的长期负荷及温度变化循环（见图 6-5 及图 6-6）。

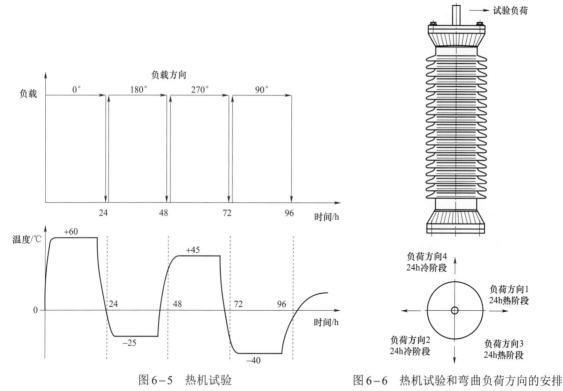

图 6-5　热机试验　　　　　　　　图 6-6　热机试验和弯曲负荷方向的安排

如图 6-5 所示，温度变化循环包括两个 48h 的冷热循环。应测量试验箱中避雷器周围的空气温度。冷热阶段的温度应分别至少保持 16h，试验应在空气中进行。

施加的静态机械负荷应等于制造商所规定的 SLL。在卸掉负荷后 1～10min 内进行残余偏移量测量。

（3）完成前两个步骤的 3 只试品进行水浸入试验。将避雷器浸没到盛满沸腾去离子水的容器中 42h，水中 NaCl 的含量为 1kg/m³。

沸腾结束后，避雷器应保持在容器中直到水冷却到约 50℃，并保持这个温度，直到可以进行验证试验。将避雷器从水中取出并在不大于 3 倍热时间常数的时间内冷却到周围空气温度。仅当须要延迟验证试验时，才有必要让水温保持在 50℃，直到如图 6-7 所示的浸水试验结束。评价试验应在规定的时间内进行，从水中取出避雷器后可用自来水清洗。

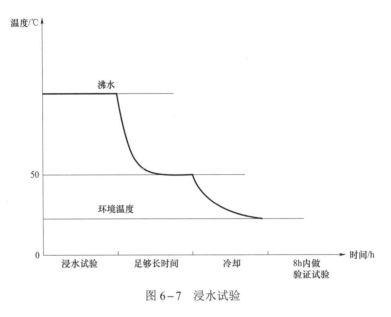

图 6-7　浸水试验

（4）试验评价。如果达到以下要求，则试验通过：

1）对用于 $U_s>40.5$kV 的避雷器（$U_s$ 为避雷器系统电压）无可见的损坏。

力和偏移曲线斜率应保持正值，且波动值不超过 SSL 值的 5%。数字测量设备的采样率应至少为 10s$^{-1}$。测量设备的截止频率应不小于 5Hz。

在步骤（1）和步骤（2）期间的最大偏移量和任何永久残余偏移，试验后都应记录在报告中。

在步骤（3）后，根据图 6-7，冷却后应在 8h 之内：

· 在 $U_c$ 下测量功率损耗或阻性电流，相对于初始测量值的增加值应不大于 20mW/kV（在 $U_c$ 下测量）或者变化不大于 20%。试验时的环境温度与初始测量时的环境温度差不得超过 3K。

· 在 1.05$U_c$ 下测量局部放电量不超过 10pC。

可在上述功率损耗测量（或阻性电流）和局部放电试验后的任何时间进行下列试验：

· 对于有封闭气体空间和独立密封系统的避雷器，进行密封试验。

· 在与初始测量时相同的电流幅值和波形下，测量整只试品残压，残压变化不大于 5%。

· 连续两次标称放电电流冲击下的残压变化不大于 2%，并且在试品的电压和电流示波图上不应出现任何部分或者全部下降的现象，冲击电流的波形应在 $T_1/T_2=$（4~10）μs/（10~25）μs 范围内，两次电流冲击的间隔时间为 50~60s。

· 在两次残压试验前和试验后测量的工频参考电压变化不大于 2%。

2）$U_s\leqslant40.5$kV 的避雷器应满足：

① 步骤（1）后：

无可见的机械损伤。

力和偏移曲线斜率应保持正值，且波动值不超过 SSL 值的 5%。数字测量设备的采样率应至少为 $10s^{-1}$。测量设备的截止频率应不小于 5Hz。

在步骤（1）期间的最大偏移量和任何永久残余偏移，试验后都应记录在报告中。

② 步骤（2）后：

根据图 6-7，冷却后应在 8h 之内：

· 在 $U_c$ 下测量功率损耗或阻性电流，相对于初始测量值的增加值应不大于 20mW/kV（在 $U_c$ 下测量）或者变化不大于 20%。试验时的环境温度与初始测量时的环境温度相差不得超过 3K。

· 在 $1.05U_c$ 下测量局部放电量不大于 10pC。

可在上述功率损耗测量（或阻性电流）和局部放电试验后的任何时间进行下列试验：

· 对于有封闭气体空间和独立密封系统的避雷器，进行密封试验。

· 在与初始测量时相同的电流幅值和波形下，测量整只样品残压，其值与初始测量相比变化不大于 5%。

· 在连续两次标称放电电流冲击下的残压变化不超过 2%，并且试品的电压和电流示波图不应出现任何部分或者全部下降的现象，冲击电流的波形应在 $T_1/T_2 = (4\sim10)\mu s/(10\sim25)\mu s$ 的范围内，两次冲击电流间隔时间为 50～60s。

· 在两次残压试验前和试验后测量的工频参考电压变化不大于 2%。

## 6.2.20　环境试验

环境试验是通过加速试验程序验证避雷器的密封结构和外露的金属部件没有受到环境条件的损伤。该试验适用于瓷及树脂浇铸外套避雷器。试验可在任何长度的完整避雷器上进行。对于内部有封闭气体空间和独立密封系统的避雷器，内部部件可以去掉。试验前，试品应进行密封试验。

如果避雷器仅长度不同，但具有同样的设计和材料，并且元件有相同的密封结构，则认为是同类避雷器。

（1）温度循环试验。试验应在控温箱中进行，高温应至少为+40℃，但不大于+70℃。低温应与高温期内实际施加温度的温差不小于 85K，但是在低温期内低温应不小于-50℃。温度变化梯度为 1K/min，每个温度持续时间为 3h，温度循环次数为 10 次。

（2）盐雾试验。试验应在人造盐雾室中进行，盐溶液浓度为 5%±1%（质量分数），试验持续时间为 96h。

上述试验完成后，如果试品通过了密封试验，则试验通过。

## 6.2.21　密封试验

密封试验用来验证避雷器整个系统的气密性/水密性。

试验在 1 只避雷器或元件上进行，对于采用氦质谱检漏仪检漏法，试品内部部件可以去掉。如果避雷器包含有不同密封系统的元件，则试验应在代表每个不同密封系统的元件上进行。

试验时，可采用氦质谱检漏仪检漏法、抽气浸泡法、热水浸泡法等灵敏方法对避雷器进行密封试验。

（1）采用氦质谱检漏仪的喷吹法。喷吹法适用于有抽气口的避雷器。将避雷器接在检漏仪的检漏口，用检漏仪的真空系统对避雷器抽真空，并达到真空衔接与质谱室沟通，避雷器真空度要求应符合检漏仪的规定，然后用喷枪向密封处喷吹氦气。当有漏孔存在时，氦气就通过漏孔进入质谱室被检测出。氦质谱检漏仪检漏法最大的密封泄漏率应低于 $6.65 \times 10^{-5}$ Pa·L/s。

（2）热水浸泡法。将试品水平浸泡于高于试验环境温度 45℃±5K 的水中，水应是清洁的，水面应高出避雷器最高点 10~20cm。对用于 $U_s \geqslant 40.5$ kV 的避雷器，浸泡时间不小于 30min；对用于 $U_s < 40.5$ kV 的避雷器，浸泡时间不小于 10min。浸泡时间从达到规定的水温时算起，用计时器记录。

（3）抽气浸泡法。将试品水平放入水温不小于 5℃ 的水中，水应是清洁的，水面应高出避雷器最高点 10~20cm。对试验水箱抽真空，压差应不小于 0.02MPa，保压 3min。保压时间从达到规定的压差时算起，用计时器记录。压差应用压力表测量，压力表应能读出 0.001MPa。

对于采用热水浸泡法和抽气浸泡法，避雷器在规定的浸泡（保压）时间内，如无连续性气泡溢出则视为合格（如开始有少量断续气泡溢出，但随后不再有气泡溢出，仍视为合格），如不能明确判断是否有连续气泡溢出，应重测避雷器元件的直流参考电压和 0.75 倍直流参考电压下漏电流，试验前后直流参考电压变化不大于 5%，0.75 倍直流参考电压下漏电流变化不大于 20μA。

对于 GIS 避雷器一般采用扣罩法。试品充气至额定充入压力 6h 后，对试品进行扣罩，至少 24h 后，用灵敏度不低于 0.01pL/L，经校验合格的气体检漏仪测定罩内示踪气体浓度（视试品的大小测试 2~6 点，通常是罩的上、下、左、右、前、后共 6 个点），根据封闭罩中泄漏气体浓度的增量、封闭罩的容积、试品的体积及试验场地的大气压力，计算出绝对漏气率 $F$（Pa·m³/s），计算式见下式

$$F = \frac{\Delta C V_\mathrm{m} p_\mathrm{atm}}{\Delta t \gamma} \times 10^{-6}$$

式中　$\Delta C$ ——测量时间段内封闭罩内示踪气体浓度的增量，取各测量点的平均值，μL/L；

　　　$V_\mathrm{m}$ ——测量体积，m³，$V_\mathrm{m} = V_\mathrm{c} - V_1$；

　　　$V_\mathrm{c}$ ——封闭罩容积，m³；

　　　$V_1$ ——避雷器试品体积，m³；

　　$p_\mathrm{atm}$ ——测量期间的大气压力（可以使用 $10^5$ Pa 的缺省值），Pa；

　　　$\Delta t$ ——测量 $\Delta C$ 的间隔时间，s；

　　　$\gamma$ ——试品气体容积中示踪气体的体积分数，%。

相对年漏气率 $F_r$（%/年）计算式见下式

$$F_r = \frac{F \times 31.5 \times 10^6}{V(p_{re} + 10^5)} \times 100$$

式中　　$V$ ——试品气体密封系统容积，$m^3$；

$p_{re}$ ——试品的额定充入压力，相对压力值，Pa。

GIS 避雷器的相对年漏气率不大于 0.5%/年。

### 6.2.22　统一爬电比距检查

GB/T 26218.1—2010《污秽条件下使用的高压绝缘子的选择和尺寸确定　第 1 部分：定义、信息和一般原则》使用的爬电比距是基于系统电压的。对于交流系统，这是相对相电压。

而统一爬电比距涉及的是绝缘子承受的电压，即对于交流系统是相对地电压。爬电比距和统一爬电比距两者都规定作为最小值。表 6-6 为爬电比距和统一爬电比距间的关系。

表 6-6　　　　　　　　　　　爬电比距和统一爬电比距间的关系

| 爬电比距 | 统一爬电比距 |
|---|---|
| 12.7 | 22.0 |
| 16 | 27.8 |
| 20 | 34.7 |
| 25 | 43.3 |
| 31 | 53.7 |

检查避雷器绝缘部分爬电距离时，应采用不会伸长的胶布带（或金属丝），在试品两电极间，沿绝缘件表面量得的最短距离。由多个绝缘件组成的避雷器，则为其各绝缘件最短距离的总和。对于瓷外套避雷器应包括瓷件表面的半导体釉层部分，但不包括导电性胶合剂，如水泥胶合剂。

### 6.2.23　气候老化试验

气候老化试验是验证复合外套避雷器耐受规定气候条件的能力。户内使用的复合外套避雷器不进行该试验。气候老化试验包含两个部分：一部分是盐雾试验，即验证避雷器暴露在盐雾下对其性能的影响；另一部分是紫外光试验，即验证外套材料暴露在紫外光下对其性能的影响。

1. 盐雾试验

盐雾试验应在由制造商推荐的具有最小统一爬电比距和最高额定电压的最长电气元件上进行。

如果避雷器的 $U_c$ 大于 14kV，试验可在制造商推荐的具有最小爬电比距和最高额定电压的避雷器的比例单元上进行，但比例单元的 $U_c$ 不得低于 14kV。

盐雾试验是在盐雾条件和持续运行电压 $U_c$ 下持续一定时间的连续试验，该试验在具有防潮、防腐的雾室内进行。雾室的通气孔应不大于 $80cm^2$，用来自然排出废气。涡轮喷雾器或具有恒定喷雾量的增湿器可作为水的雾化设备。

试品要在垂直安装的情况下进行试验，试验开始前要用去离子水清洗试品，雾应充满整个雾室，但不能直接喷到试品上，喷雾器使用 NaCl 和去离子水制备的盐水。工频试验电压由试验变压器产生，当高压端负载有 250mA（有效值）阻性电流持续时间 1s 时，试验回路的最大电压降应不大于 5%。为了避免电场畸变，雾室的墙和天花板与试品之间应有足够大的距离。

试验持续时间为 1000h；水流速为 $0.4L/(h \cdot m^3) \pm 0.1L/(h \cdot m^3)$；水滴尺寸为 5～10μm；温度为 20℃±5K；水中 NaCl 含量为 1～10kg/m³。

如果满足没有漏电痕迹、腐蚀没有穿透整个外层厚度直到下一层材料、伞裙和外套没有击穿、试验前后测量的参考电压下降不超过 5% 和试验前后所测局部放电不超过 10pC，则通过试验。

2．紫外光试验

紫外光试验应从避雷器试品的伞和外套材料中选取三只样片（如果适用，应包含标识）。如果外套上有标识，应直接暴露在紫外光下。绝缘外套材料应按照下列方法经受 1000h 紫外光照射。

氙弧法：根据 GB/T 16422.1—2019《塑料 实验室电源暴露试验方法 第 1 部分：总则》和 GB/T 16422.2—2014《塑料 实验室光源暴露试验方法 第 2 部分：氙弧灯》中的方法 A 进行试验，该方法没有暗周期，标准喷射循环，黑标准温度或者黑板温度为 65℃，辐照度约为 550W/m²。

荧光紫外法：根据 GB/T 16422.1—2019《塑料实验室电源暴露试验方法 第 1 部分：总则》和 GB/T 16422.3—2014《塑料实验室光源暴露试验方法 第 3 部分：荧光紫外灯》，采用 I 型荧光紫外灯按暴露方式 1 或者 2 进行试验。

试验后，在伞和外套材料上的标识应清晰，表面不允许有劣化现象（例如裂缝和凸起）。

### 6.2.24 壳体强度试验

壳体强度试验适用于 GIS 避雷器。

1．破坏压力试验

破坏压力试验采用水压法。压力升高速度不应大于 400kPa/min，破坏压力试验值应不小于额定压力的 3.5 倍。试验后的外壳，即使完整无缺，也不得使用。

该项试验为型式试验。

2．非破坏性压力试验

加工完成后外壳应进行压力试验。

标准的试验压力应是 $k$ 倍的设计压力，这里系数 $k$：

（1）对于焊接的铝外壳和焊接的钢外壳，$k=1.3$。

（2）对于铸造的铝外壳和铝合金外壳，$k=2$。

试验压力至少应维持 1min。试验期间不应出现破裂或永久变形。

该项试验为例行试验。

#### 6.2.25　绝缘气体湿度试验

绝缘气体湿度试验适用于 GIS 避雷器。

绝缘气体湿度可以使用下列仪器测量：

1. 电解式湿度仪

气体通过仪器时气体中的水被电解，产生稳定的电解电流，通过测量该电流大小来测定气体的湿度。

2. 冷凝式露点仪

冷凝式露点仪测量气体在冷却镜面产生结霜（露）时的温度，称为露点。露点对应的饱和蒸汽压得到湿度的质量比。

3. 电子式湿度仪

当被测气体通过电子湿度仪的传感器时，气体湿度的变化引起传感器电阻、电容量的改变，从而测得气体湿度值。

#### 6.2.26　运输试验

运输试验适用于 GIS 避雷器。

应将 GIS 避雷器正置固定于卡车上，运输 300km，急刹车 10 次，采用三轴冲撞冲击记录仪，记录不低于 5g 的冲击加速度值不少于 10 次。试验后壳体内电阻片、均压罩应无明显变形，螺钉无松动。实际运输时，采用三轴冲撞冲击记录仪记录的冲击加速度值应不超过 5g。

## 6.3　交流系统用带间隙金属氧化物避雷器试验

交流系统用带间隙金属氧化物避雷器分为内间隙避雷器和外串联间隙避雷器。内间隙避雷器主要为额定电压 52kV 及以下带内部串联间隙避雷器，外串联间隙避雷器主要为架空输电和配电线路用带外串联间隙避雷器。根据带间隙避雷器特点，除了 6.2 节介绍的试验外，还有一些特殊试验，本节介绍的特殊试验适用于额定电压 52kV 及以下带内间隙避雷器和架空输电和配电线路用带外串联间隙避雷器。

#### 6.3.1　试验项目

表 6-7 列举了交流系统用带间隙避雷器的型式试验和例行试验的试验项目。

表 6-7　　　　交流系统用带间隙避雷器的型式试验和例行试验的试验项目

| 序号 | 试验项目 | 外串联间隙避雷器 | | | | 内间隙避雷器 | |
| --- | --- | --- | --- | --- | --- | --- | --- |
| | | 带空气间隙避雷器 | | 带支撑件间隙避雷器 | | | |
| | | 型式试验 | 例行试验 | 型式试验 | 例行试验 | 型式试验 | 例行试验 |
| 1 | 直流参考电压试验 | √ | √ | √ | √ | × | × |
| 2 | 0.75 倍直流参考电压下漏电流试验 | √ | √ | √ | √ | × | × |
| 3 | 残压试验 | √ | √ | √ | √ | √ | √ |

97

| 序号 | 试验项目 | 外串联间隙避雷器 | | | | 内间隙避雷器 | |
|---|---|---|---|---|---|---|---|
| | | 带空气间隙避雷器 | | 带支撑件间隙避雷器 | | | |
| | | 型式试验 | 例行试验 | 型式试验 | 例行试验 | 型式试验 | 例行试验 |
| 4 | 工频参考电压试验 | √ | √ | √ | √ | × | × |
| 5 | 电流冲击耐受试验 | √ | × | √ | × | √ | × |
| 6 | 动作负载试验 | √ | × | √ | × | √ | × |
| 7 | 短路试验 | √ | × | √ | × | √ | × |
| 8 | 密封试验 | √ | √ | √ | √ | √ | √ |
| 9 | 复合外套绝缘耐受试验 | √ | × | √ | × | √ | × |
| 10 | 复合外套及支撑件外观检查 | √ | √ | √ | √ | √ | × |
| 11 | 湿气浸入试验 | √ | × | √ | × | × | × |
| 12 | 避雷器气候老化试验 | √ | × | √ | × | × | × |
| 13 | 间隙距离测量 | √ | √ | √ | √ | × | × |
| 14 | 支撑件工频耐受电压试验 | × | × | √ | × | × | × |
| 15 | 支撑件陡波冲击电压试验 | × | × | √ | × | × | × |
| 16 | 局部放电试验 | √ | √ | √ | × | × | × |
| 17 | 无线电干扰电压试验 | √ | × | √ | × | × | × |
| 18 | 雷电冲击放电电压试验 | √ | × | √ | × | × | × |
| 19 | 雷电冲击伏秒特性试验 | √ | × | √ | × | × | × |
| 20 | 工频耐受电压试验 | √ | × | √ | × | × | × |
| 21 | 本体故障后绝缘耐受试验 | √ | × | √ | × | × | × |
| 22 | 机械性能试验 | √ | × | √ | √ | × | × |
| 23 | 金具镀锌检查 | √ | × | √ | × | × | × |
| 24 | 人工污秽试验 | √ | × | √ | × | × | × |
| 25 | 工频续流遮断试验 | √ | × | √ | × | × | × |
| 26 | 工频电压耐受时间特性试验 | × | × | × | × | √ | × |
| 27 | 爬电比距检查 | × | × | × | × | √ | × |
| 28 | 工频放电电压试验 | × | × | × | × | √ | √ |
| 29 | 振动试验 | √ | × | × | × | × | × |

### 6.3.2 放电电压试验

1. 内间隙避雷器

放电电压试验适用于 52kV 及以下内间隙避雷器。放电电压试验在 3 只避雷器试品上进行，包括波前冲击放电电压试验、雷电冲击放电电压试验及操作冲击放电电压试验。

（1）波前冲击放电电压试验。

1）试验用正极性和负极性冲击进行，试验波形的预期幅值至少是避雷器陡波冲击电流残压的 1.2 倍。每种极性放电至少测量 5 次。试验波形的标称上升率对每千伏避雷器额定电压为 8.33kV/μs。把 5 次正极性和 5 次负极性冲击所记录的最大电压与陡波冲击电流残压进行比较。如果陡波冲击电流残压大于冲击试验的测量值，则陡波冲击电流残压为波前保护水平。如果陡波冲击电流残压小于冲击试验的测量值，则应按 2）确定波前保护水平。

2）波前冲击放电试验。试验用正极性和负极性冲击进行，试验波形的预期幅值应足以使避雷器的放电发生在电压达到试验波形峰值的 90% 放电。记录每种极性下至少 5 次放电电压值，最高的峰值为避雷器的最大波前放电电压值。试验波形的标称上升率对每千伏避雷器额定电压为 8.33kV/μs。

（2）雷电冲击放电电压试验。

1）试验用正极性和负极性冲击进行，试验波形的预期幅值至少是避雷器标称放电电流残压的 1.2 倍。每种极性放电至少测量 5 次。把 5 次正极性和 5 次负极性冲击所记录的最大电压与标称放电电流残压进行比较。如果标称放电电流残压大于冲击试验的测量值，则标称放电电流残压为标准雷电冲击保护水平。如果标称放电电流残压小于冲击试验的测量值，则应按 2）确定标准雷电冲击的保护水平。

2）试验的目的是确定放电时间大于 3μs 的避雷器能耐受而不放电的最大标准雷电冲击电压。对于每种极性，试验过程如下：

① 记录为建立 $V_G$ 所进行的 20 次冲击的每次放电的电压峰值和时间（放电发生的时刻）。建立 $V_G$ 的过程如下：首先施加冲击预期电压峰值要比避雷器的预期放电电压低一些，随后的冲击要将发生器的充电电压按约 5% 的步幅升高直到放电发生，然后施加 20 次冲击系列，每次放电后按 5% 减少预期电压峰值，每次耐受（未放电）后按 5% 增加预期电压峰值，$V_G$ 是 20 次冲击系列所得的发生器充电电压的平均值。

② 用发生器充电电压不大于 $1.05V_G$ 的冲击电压施加 5 次，并记录电压峰值和放电时间。如果 5 次冲击的每一次都不在视在原点之后的 3μs 以内放电，以不大于 $0.05V_G$ 的增幅升高发生器充电电压，直到 5 次冲击的每一次放电都发生在视在原点之后的 3μs 以内。冲击发生器充电电压不变，施加连续 5 次冲击得到 5 次放电，任意极性较高的电压峰值应确定为避雷器的标准雷电冲击保护水平。

（3）操作冲击放电电压试验。

1）每种波形的操作冲击放电电压幅值是按操作冲击电流下避雷器残压值乘以 1.2 倍。试验包括施加不少于 5 次正极性和 5 次负极性波形，每次冲击预期冲击电压的视在波前时间为：30～60μs、150～300μs、1000～2000μs。把每一种操作冲击波形的 5 次正极性和 5 次负极性冲击的最大电压与操作冲击残压进行比较，如果操作冲击残压值大于操作冲击放电电压测量值，操作冲击电流残压便作为操作冲击保护水平。如果任一操作冲击试验的电压测量值大于操作冲击电流残压值，则按 2）仅在该波形下或被证明操作冲击电压更高的波形下进行放电电压试验。

2）对于每种极性，要在包含避雷器的试验回路上检查试验电压的波形，5 次试验至少有一次避雷器不放电。对于每种波形和极性，试验程序：① 确定发生器基本充电电压 $V_G$，记录为建立 $V_G$ 所进行的 20 次冲击的每次放电的电压峰值和时间（放电发生的部位）；② 发生器充电电压为 1.2 倍 $V_G$ 时，施加 10 次冲击，并记录电压峰值和放电时间；③ 发生器充电电压为 1.4 倍 $V_G$ 时，施加 10 次冲击，并记录电压峰值和放电时间。

试验中所记录的放电时间大于 30μs 的最大电压峰值被认为是避雷器的最大操作冲击放电电压，并作为操作冲击保护水平。

2. 外串联间隙避雷器

外串联间隙避雷器，包括雷电冲击放电电压试验和工频电压耐受试验。

（1）雷电冲击放电电压试验。该试验应在无绝缘子串下进行。试验的目的是确定雷电冲击电压下外串联间隙避雷器的 50%放电电压。试品是规定设计的具有最大间隙距离的外串联间隙避雷器。

波形是 1.2/50。50%放电电压（$U_{50,EGLA}$）将按照 GB/T 16927.1—2011《高压试验技术　第 1 部分：一般定义及试验要求》的升降法来确定。

（2）工频电压耐受试验。试验方法应符合 GB/T 16927.1 的规定。

### 6.3.3　避雷器复合外套绝缘耐受试验和本体故障后绝缘耐受试验

对架空输电和配电线路用带外串联间隙避雷器进行。试验考核干燥条件下避雷器本体外套的雷电冲击耐受能力，以及在湿润条件下当避雷器本体故障并被短路时外串联间隙避雷器承受系统最大预期操作冲击和工频过电压的耐受电压能力。

带故障避雷器本体的外串联间隙避雷器绝缘耐受试验，模拟避雷器本体故障时进行操作冲击湿耐受电压试验和工频湿耐受电压试验。试验目的是考核即使最坏条件避雷器本体因故障而被短路时在操作冲击和工频过电压下不发生击穿。外串联间隙避雷器的避雷器本体短路故障可用一个金属线将避雷器本体短路来模拟。

操作冲击湿耐受电压试验。电极状况应满足供需双方的规定。试验最小外串间隙长度由制造商规定。试验电压和试验条件：

（1）耐受电压值由制造商宣称或供需双方协商确定，并考虑线路的实际操作冲击耐受电压水平。

（2）在短路避雷器本体的外串联间隙避雷器上，按照 GB/T 16927.1—2011 用升降法对每个极性测量 50%闪络电压（$U_{50,EGLA}$）。试验电压波形是 250/2500。

（3）淋雨特性按照 GB/T 16927.1—2011 的要求。

判据：外串联间隙避雷器的耐受电压按下式计算

$$U_{10,EGLA} = U_{50,EGLA}(1 - 1.3\sigma)$$

50%闪络电压为测量值，标准偏差为 $\sigma$ 并假定操作冲击电压的 $\sigma$ 为 6%（$\sigma = 0.06$）。如果耐受值等于或高于宣称值或协商值，则外串联间隙避雷器通过了试验。

工频湿耐受电压试验。试验最小外串间隙长度和间隙电极的状态由制造商或供需双方规定。试验电压和试验条件：

（1）按照 GB/T 16927.1—2011 要求，工频湿耐受电压试验在短路避雷器本体的外串联间隙避雷器上进行。

（2）试验电压是 1.2 倍外串联间隙避雷器额定电压。

（3）雨水特性按照 GB/T 16927.1—2011 的要求。

判据：如果试品耐受试验电压 1min，则外串联间隙避雷器通过了试验。

### 6.3.4　工频续流遮断试验

续流遮断试验是证实雷电冲击下串联间隙放电后外串联间隙避雷器的续流切断动作，适用于架空输电和配电线路用带外串联间隙避雷器。试品是一个完整的外串联间隙避雷器或外串联间隙避雷器的比例单元。

试验也证实由于存在湿的污秽层，在污秽条件下电流流过避雷器本体外套表面时外串联间隙避雷器的性能。

试验由制造商选择以污秽水平和外串联间隙避雷器结构作为型式试验，或者，也可以由供需双方同意污秽水平作为验收试验。

续流切断试验既可以按照"试验方法 A"，也可以按照"试验方法 B"进行。如果按照 GB/T 26218.1—2010《污秽条件下使用的高压绝缘子的选择和尺寸确定　第 1 部分：定义、信息和一般原则》定义，现场的污秽严酷度"很重"，则应按"试验方法 B"进行。其他情况，制造商可以选择试验方法。

1. 试验方法 A

（1）试验回路要求。工频电压源阻抗在续流流过期间，在外串联间隙避雷器端测量的工频电压峰值不低于试品额定电压的峰值，且在续流切断后峰值电压不超过额定电压峰值的 10%。

（2）试验程序。外串联间隙避雷器试品按以下准备：

1）非线性金属氧化物电阻部分应是一个完整的避雷器本体，或避雷器本体比例单元，或金属氧化物电阻片元件；比例系数 $n$（整只外串联间隙避雷器与外串联间隙避雷器试品的额定电压之比）应不高于 5。外串联间隙避雷器比例单元的 50%雷电冲击放电电压等于制造商宣称的外串联间隙避雷器最小间隙距离时的 50%雷电冲击放电电压除以 $n$，且 $U_r$ 应不小于 84kV。

2）用作试品的电阻片体积应不大于整只避雷器本体所有电阻片最小体积除以 $n$。

3）试品比例单元避雷器本体的参考电压 $U_{ref}$ 应等于外串联间隙避雷器的避雷器本体的最小参考电压除以 $n$。如果 $U_{ref}$ 大于整只外串联间隙避雷器的避雷器本体的最小参考电压除以 $n$，因数 $n$ 将相应地减少；如果 $U_{ref}$ 小于整只外串联间隙避雷器的避雷器本体的最小参考电压除以 $n$，将不允许使用这种比例单元。

4）线性电阻应与避雷器本体并联以获得足够高的续流。

5）外串联间隙应与外串联间隙避雷器用同样的金具连接。间隙距离不大于制造商规定的最小间隙距离，间隙电极的尺寸和形状不需按比例缩放。

试验时施加等于外串联间隙避雷器或其比例单元额定电压的工频电压到试品上。

试验期间流过外串联间隙的续流为下面两部分之和：

① 通过并联于避雷器本体的线性电阻来模拟避雷器本体污秽表面的漏电流。

② 施加额定电压时通过非线性金属氧化物电阻片的阻性电流。

需要模拟避雷器本体污层上漏电流的线性电阻阻抗计算式为 $R = F/K$。其中，$F$ 是避雷器本体外套的形状系数（按 GB/T 4585—2004《交流系统用高压绝缘子的人工污秽试验》）；$K$ 是污层电导率。

污层电导率 $K$ 按照 GB/T 4585—2004 中表 3 对应的 SDD 来取值。可接受的阻抗偏差应在计算值的 $-20\%\sim0$。

（3）试验程序。与实际交流电压半波具有同极性或反极性的雷电冲击在峰值前 $30°\sim0°$ 施加。

第一次试验应在间隙足够小时进行，说明工频源能够提供并保持规定的续流。

并联线性电阻应调整使得试验期间总续流至少等于估算值。

然后，间隙长度应调整到最小规定值。与实际交流电压半波同极性的放电各施加 5 次。如果续流没有建立，施加更多的放电动作直到续流对每个极性各建立 5 次。

每次放电时记录工频电压和续流的永久示波图。示波图应显示试品电压和电流的全过程，即从冲击施加前的第一个完整循环到续流最终遮断后的 10 个完整循环。最后续流切断应发生在施加冲击的半波内。在后续任意半波中，试品不应有进一步的放电。

（4）试验判定。如果 10 次放电动作续流被切断在工频电压的第一半波内，且在随后半波没有进一步的放电，则试品通过了试验。

2．试验方法 B

（1）试验回路要求。工频电压源阻抗在续流流过期间，在外串联间隙避雷器端测量的工频电压峰值应不低于试品额定电压的峰值，且在续流切断后峰值电压不超过额定电压峰值的 10%。

（2）试验程序和顺序。外串联间隙避雷器试品按以下准备：

1）试品为外串联间隙避雷器的比例单元或整只外串联间隙避雷器。

2）非线性金属氧化物电阻部分应是一个完整的避雷器本体或避雷器本体比例单元，比例系数 $n$（整只外串联间隙避雷器与外串联间隙避雷器试品的额定电压之比）应不高于 5。外串联间隙避雷器比例单元的 50%雷电冲击放电电压等于制造商宣称的外串联间隙避雷器最小间隙距离时的 50%雷电冲击放电电压除以 $n$，且 $U_r$ 应不小于 84kV。

3）用作试品的电阻片体积应不大于整只避雷器本体所有电阻片最小体积除以 $n$。

4）试品比例单元避雷器本体的参考电压 $U_{ref}$ 应等于外串联间隙避雷器的避雷器本体的最小参考电压除以 $n$。如果 $U_{ref}$ 大于整只外串联间隙避雷器的避雷器本体的最小参考电压除以 $n$，因数 $n$ 将相应地减少；如果 $U_{ref}$ 小于整只外串联间隙避雷器的避雷器本体的最小参考电压除以 $n$，将不允许使用这种比例单元。

5）外串联间隙应与外串联间隙避雷器用同样的金具连接。间隙距离不大于制造商规定的最小间隙距离，间隙电极的尺寸和形状不需按比例缩放。

污秽浆液按 GB/T 4585—2004 或其他等效方法准备，污秽浆液电导率由规定的污秽值确定。

试验如下进行：

避雷器本体外套应是清洁、干燥的并处在环境温度下。可以用洗涤剂清洗以去除油污，但洗涤剂应用水冲洗干净。

避雷器本体表面憎水性必须完全清除以模拟在规定污秽条件下最坏情况时预期表面漏电流。

未通电时，污秽应加到避雷器本体全部绝缘表面，包括伞下。污层表现为一层连续的膜。污秽涂层可以用喷雾、浸渍或浇涂的方法施加。

染污后，在雷电冲击点火之前给试品施加足够时间的额定电压，在 3～3.5min 内施加雷电冲击以使试品放电。

雷电冲击可以与实际交流电压半波同极性或反极性，并在工频半波峰值前30°～0°施加。

为了证明工频源能够提供并保持规定的续流，正式试验前，预调试验应在间隙足够小时进行。

然后，间隙长度应调整到最小规定值。交流电压半波正负极性的放电各施加 5 次。如果续流没有建立，施加更多的放电冲击，直到正负极性续流各建立 5 次。

每次放电冲击后应更新污层。

每次放电时，记录工频电压和续流的永久示波图。示波图应显示试品电压和电流的全过程，即从冲击施加前的第一个完整循环到续流最终切断后的 10 个完整循环。最后续流切断应发生在施加冲击的半波内。在后续任意半波中试品不应有进一步的放电。

（3）试验判定。如果满足以下条件，则试验合格：

1）避雷器本体表面无闪络发生。

2）10 次放电动作续流应在工频电压第一半波内切断，且在随后半波没有进一步的放电。

## 6.3.5　振动试验

振动试验适用于架空输电和配电线路用带外串联间隙避雷器，试验验证避雷器本体耐受制造商规定的振动特性。试验在 1 只整只避雷器本体上进行。试验验证整只避雷器本体以及与避雷器本体相连的外串间隙电极、安装件能够耐受运行中预期的振动特性。试验条件：

（1）安装条件：按最严格的方式安装。

（2）负荷：最大规定质量的负荷或实际电极。

（3）避雷器本体自由端的加速度：$1g$。

（4）摆动数：$1 \times 10^6$ 次。

（5）频率：避雷器本体的共振频率。

（6）摆动方向：相对试品轴线最严格方向。

试验判定：

（1）试验前后参考电压变化不超过 5%。

（2）成功通过了局部放电试验。

（3）试验前后在 0.01～1 倍标称放电电流和电流波形范围在 $T_1/T_2 =$（4～10）μs/（10～25）μs 测量的残压变化为 −2%～ 5%。

（4）试验后检查试品外观，应无击穿、闪络、开裂或其他明显损害的痕迹。如果金属氧化物电阻片不能从试品中取出进行外观检查，应进行下面附加的试验以确保试验中没有损害发生。在残压试验后，对试品施加 2 次标称放电电流冲击。第一次冲击应在试品冷却到环境温度后施加。第二次冲击在第一次冲击后 50～60s 施加。2 次冲击期间，电压和电流的示波图都不显示任何击穿，试验前最初测量与试验后 2 次冲击最后一次的残压差异应不超过−2%～5%。

### 6.3.6　雷电冲击伏秒特性试验

雷电冲击伏秒特性试验适用于架空输电和配电线路用带外串联间隙避雷器。

避雷器雷电冲击（放电时间为 1～10μs）伏秒特性曲线应比被保护的线路绝缘子（串）的雷电冲击伏秒特性曲线至少低 15%。

试品为整只带间隙避雷器，试验应在制造厂宣称的最大间隙下进行。试验方法应符合 GB/T 16927.1—2011 的规定。

### 6.3.7　支撑件工频耐受电压试验

支撑件工频耐受电压试验适用于架空输电和配电线路用带外串联间隙避雷器（带支撑件间隙）。

支撑件应进行工频耐受电压试验，试验电压值由制造厂根据相应产品串联间隙耐受电压试验值来确定，试验电压值必须保证至少高于串联间隙（不带避雷器本体）耐受电压试验值的 10%，以保证支撑件在运行中不发生击穿或闪络。

### 6.3.8　支撑件陡波冲击电压试验

支撑件陡波冲击电压试验适用于架空输电和配电线路用带外串联间隙避雷器（带支撑件间隙）。

支撑件应进行正、负极性各 5 次的陡波冲击电压试验，每次冲击应在电极间的试品外部闪络而不击穿。

## 6.4　高压直流系统用金属氧化物避雷器试验

高压直流系统用金属氧化物避雷器可分为高压直流换流站用无间隙金属氧化物避雷器（简称直流避雷器）和直流带间隙金属氧化物避雷器（简称直流带间隙避雷器）。直流避雷器主要包括换流阀避雷器（V）、换流器阀侧避雷器（T）、桥中点避雷器（CH 和 CL）、直流母线避雷器（CB、DB 和 DL/DC）、中性母线避雷器（EB 和 E1）、交流滤波器避雷器（FA）、直流滤波器避雷器（FD）、桥避雷器（B）、平波电抗器避雷器（DR）等。根据直流避雷器的特点，除了 6.2 节介绍的试验外，直流避雷器还有一些特殊试验，本节介绍的特殊试验适用于直流避雷器。

### 6.4.1　试验项目

表 6−8 列举了直流避雷器型式试验和例行试验的试验项目。

表 6 – 8                                  直流避雷器的型式试验和例行试验的试验项目

| 序号 | 试验项目 | 直流避雷器 | | 直流带间隙避雷器 | |
|---|---|---|---|---|---|
| | | 型式试验 | 例行试验 | 型式试验 | 例行试验 |
| 1 | 绝缘耐受试验 | √ | × | × | × |
| 2 | 短路实验 | √ | × | × | × |
| 3 | 内部局部放电试验 | √ | √ | √ | √ |
| 4 | 机械性能试验 | √ | × | √ | × |
| 5 | 环境试验 | √ | × | √ | × |
| 6 | 气候老化试验 | √ | × | √ | × |
| 7 | 密封试验 | √ | √ | √ | √ |
| 8 | 无线电干扰电压试验 | √ | × | × | × |
| 9 | 残压试验 | √ | √ | √ | √ |
| 10 | 长期稳定性试验 | √ | × | √ | × |
| 11 | 验证额定重复转移电荷试验 | √ | × | √ | × |
| 12 | 试品的散热特性 | √ | × | × | × |
| 13 | 验证额定热能量试验 | √ | × | × | × |
| 14 | 验证内部元件的绝缘耐受试验 | √ | × | × | × |
| 15 | 内部均压元件试验 | √ | × | × | × |
| 16 | 电流冲击耐受试验 | √ | × | √ | × |
| 17 | 动作负载试验 | × | × | √ | × |
| 18 | 雷电冲击放电电压试验 | × | × | √ | × |
| 19 | 雷电冲击伏秒特性试验 | × | × | √ | × |
| 20 | 直流湿耐受电压试验 | × | × | √ | × |
| 21 | 本体故障后绝缘耐受试验 | × | × | √ | × |
| 22 | 爬电比距检查 | × | × | √ | × |
| 23 | 电晕试验 | × | × | √ | × |
| 24 | 复合外套外观检查 | × | × | √ | √ |
| 25 | 湿气浸入试验 | × | × | √ | × |
| 26 | 避雷器气候老化试验 | × | × | √ | × |
| 27 | 金具镀锌检查 | × | × | √ | × |
| 28 | 直流续流遮断试验 | × | × | √ | × |

## 6.4.2  无线电干扰电压（RIV）试验

试验适用于峰值持续运行电压在 100kV 以上的户外避雷器。试验应在最高持续运行电压和最长的避雷器上进行。

如果计算结果显示，对于指定避雷器，在相同位置电场小于或等于在更高或相同电压下成功通过试验的避雷器上的电场，则无需再进行试验。

不同种类避雷器的试验电压如下：

（1）对于阀避雷器，施加在避雷器上的工频电压（有效值）为 $0.9/\sqrt{2}$ 倍的最大峰值持续运行电压，其最大无线电干扰水平应不超过 2500μV。

（2）对于直流母线避雷器和直流线路/电缆避雷器，施加在避雷器上的工频电压（有效值）为 $1.05/\sqrt{2}$ 倍的直流系统电压，其最大无线电干扰水平应不超过 2500μV。试验也可以用 1.05 倍的直流系统电压进行。

（3）对位于平波电抗器线路/电缆侧的中性母线避雷器和母线上无平波电抗器的中性母线避雷器，施加在避雷器上的工频电压（有效值）为 $1.05/\sqrt{2}$ 倍的最大峰值持续运行电压，其最大无线电干扰水平应不超过 2500μV。

（4）对位于平波电抗器换流器单元侧的中性母线避雷器，施加在避雷器上的工频电压为 $1.0/\sqrt{2}$ 倍的最大峰值持续运行电压，其最大无线电干扰水平应不超过 2500μV。

（5）对于换流器单元和换流器单元直流母线避雷器，施加在避雷器上的工频电压为 $0.95/\sqrt{2}$ 倍的最大峰值持续运行电压，其最大无线电干扰水平应不超过 2500μV。

（6）对于中点直流母线避雷器、中点桥避雷器、HV 和 LV 换流器单元避雷器以及换流器间的避雷器，施加在避雷器上的工频电压为 $0.9/\sqrt{2}$ 倍的最大峰值持续运行电压，其最大无线电干扰水平应不超过 2500μV。

（7）对于直流滤波器和交流滤波器避雷器，施加在避雷器上的工频电压为 $1.05/\sqrt{2}$ 倍的最大峰值持续运行电压，其最大无线电干扰水平应不超过 2500μV。

（8）对于电容器避雷器，施加在避雷器上的工频电压为 $1.05/\sqrt{2}$ 倍的最大峰值持续运行电压，其最大无线电干扰水平应不超过 2500μV。

如果同一只避雷器已经通过了规定的局部放电试验，但在这种情况下同时测避雷器内部和外部放电（即无屏蔽装置用于避雷器连接、均压环或其他部分），则可以免做 RIV 试验。试验方法与交流避雷器相同。

### 6.4.3 长期稳定性试验

长期稳定性试验目的是确定当施加持续运行电压时电阻片是否稳定或功率损耗减小。设计中用到的每种电阻片均应进行试验。

3 只电阻片试品均应施加电压，电压值等于或高于校正过的试品最高持续操作电压（$U_{ct}$），历时 1000h，在此期间，应控制温度以使电阻片的表面温度保持在 115℃+4K。

校正过的最高持续运行电压（$U_{ct}$）通过电压分布测量或计算来确定。

如果不可能施加实际电压波形，则试验电压应满足下列要求：

（1）直流分量应不低于实际波形中的持续运行电压的直流分量（DCOV）。

（2）峰值电压应不低于最大峰值持续运行电压（PCOV）。

（3）除最大峰值持续运行电压以外的电压峰值应不低于峰值持续运行电压（CCOV）。

（4）对于交流和直流滤波器，试验电压的频率应不小于持续运行电压的主频率（DFCOV）。试验期间，电压的有效峰值与规定值相差不超过 1%。

所有直接接触电阻片的材料（固体或液体）均应进行老化试验，其设计与完整避雷器所用的相同。

在加速老化试验中，电阻片应置于避雷器所用的周围介质中。在这种情况下，试验程序应在封闭室中施加在单独的电阻片上，封闭室的体积应至少是电阻片的 2 倍，并且封闭室中的介质密度应不小于避雷器的介质密度。

如果制造厂能够证明空气中进行的试验与在实际介质上进行的试验等效，则老化试验就可在空气中进行。

1. 避雷器承受电压反转的试验程序

（1）试验程序。以下试验方法任选其一：

对电阻片施加如图 6-8 所示的极性反转的试验电压。在施加电压后的 0.5～1h、在每一次极性反转之前、在每一次极性反转后的 0.5h、最后在相同条件下老化 $1000_0^{+100}$h 之后，在电压 $U_{ct}$ 下均应测量电阻片功率损耗。允许试品在试验期间意外断电的总时长不超过 24h。中断不计入试验的持续时间。但是，最终测量应在持续赋能不小于 100h 之后进行。在允许的温度范围内，所有测量应在相同温度+1K 下进行。极性反转会在 3min 之内发生。可将试品在试验周期中的规定时间内倒置来代替回路极性反转，由制造厂自行决定。

在 1000h 之后对电阻片施加单极性反转的试验电压。在施加电压后 0.5～1h，在电压 $U_{ct}$ 下测量初始功率损耗 $P_0$。其后，在第一次测量后给出 $P_0$ 后，在每 1000h 内测量一次并标记为 $P_1～P_9$。最后，应在相同条件下老化 $1000_0^{+100}$h 之后测量电阻片功率损耗 $P_{10}$。允许试品在试验期间意外断电的总时长不超过 24h。中断不计入试验的持续时间。但是，最终测量应在持续赋能不少于 100h 之后进行。在允许的温度范围内，所有测量应在相同温度+1K 下进行。极性反转会在 $P_{10}$ 测量后 4h 之内发生，用时 3min。在 $P_{10}$ 测量之后在 $U_{ct}$ 下对电阻片赋能直到完成极性反转。极性反转之后 0.5h，偏差为+1min，应测量功率损耗并标记为 $P_{11}$。可将试品倒置来代替回路极性反转，由制造商自行决定。

由制造厂自行选择试验方法 A 或方法 B，但是，方法 B 考虑了因极性反转引起的功率损耗中最严重的变化。

所施电压最好具有和施加在避雷器上的实际电压相同或相似的波形。如果由于试验设备所限而不可行，则必须施加能产生更高或相等应力的等效电压。例如，如果所施的纯直流试验电压幅值等于或高于含有暂态电压的实际直流电压，则认为纯直流试验电压比叠加了暂态电压的实际直流电压更为严格。

如果避雷器安装的环境温度超过 60℃（24h 平均值），则应增加试验时间。试验时间按下式计算

$$t = 154\,408 / [2.5^{(115-T_a)/10}]$$

式中　$t$——试验持续时间，h；

$T_a$ ——环境温度。

图 6-8 中所示的每一时间段均应以相对比例增加。

（2）试验评价。

1）对于方法 A，如果 3 只试品的 $P_1 \sim P_9$ 均等于或小于 1.1 倍 $P_0$，则认为已通过该试验，并且热能量额定值的验证试验应在新的电阻片上进行，无需任何校正。

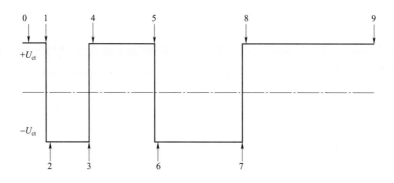

| 测试点 | 时间 | 测量的功率损耗 |
|---|---|---|
| 0 | $0.5 \sim 1h$ | $P_0$ |
| 1 | $T_1 = 24h \pm 1h$ | $P_1$ |
| 2 | $T_1 = 0.5h \pm 1min$ | $P_2$ |
| 3 | $T_2 = 72h \pm 2h$ | $P_3$ |
| 4 | $T_2 = 0.5h \pm 1min$ | $P_4$ |
| 5 | $T_3 = 168h \pm 3h$ | $P_5$ |
| 6 | $T_3 = 0.5h \pm 1min$ | $P_6$ |
| 7 | $T_4 = 360h \pm 4h$ | $P_7$ |
| 8 | $T_3 = 0.5h \pm 1min$ | $P_8$ |
| 9 | $1000_0^{+100}$ h | $P_9$ |

图 6-8 具有极性反转的加速老化试验（方法 A）

如果 $P_1$、$P_3$、$P_5$、$P_7$ 和 $P_9$ 均等于或小于 1.1 倍 $P_0$，但 $P_2$、$P_4$、$P_6$ 和 $P_8$ 中的任何一个却大于 1.1 倍 $P_0$，那么热能额定值的验证试验应在试品上进行，且试品的等效持续运行电压（ECOV）电压升高到与任一试品的 $P_2$、$P_4$、$P_6$ 和 $P_8$ 中的最高功率损耗相对应的值。在包含新的电阻片在内的 3 只试品上测量等效持续运行电压。在起始温度时，测量 ECOV 下的功率损耗 $P_{\text{ECOV}}$。其后，电压升高到 ECOV*，以使相应的功率损耗能够满足

$$\frac{P_{\text{ECOV}^*}}{P_{\text{ECOV}}} = K_{\text{ECOV}}$$

式中　$K_{\text{ECOV}}$——加速老化试验中 3 只试验比例单元任意一只的 $P_2$、$P_4$、$P_6$ 和 $P_8$ 与 $P_0$ 的最高比值。否则认为试验失败。

2）对于方法 B，如果 3 只试品的 $P_1 \sim P_{11}$ 均等于或小于 1.1 倍 $P_0$、$P_{10}$，不大于 1.3 倍的 $P_1 \sim P_9$ 中的最小值，则认为已通过该试验，并且热能额定值的验证试验应在新的电阻片上进行，无需任何校正。

如果 $P_1 \sim P_{10}$ 均等于或小于 1.1 倍 $P_0$、$P_{10}$，不大于 1.3 倍的 $P_1 \sim P_9$ 中的最小值，但 $P_{11}$ 却大于 1.1 倍 $P_0$，那么热能量额定值的验证试验应在试品上进行，且试品的 ECOV 电压升高到与任一试品的功率损耗 $P_{11}$ 相对应的值。在包含新的电阻片在内的 3 只试品上测量 ECOV 电压。在起始温度时，测量 ECOV 下的功率损耗 $P_{\text{ECOV}}$。其后，电压升高到 ECOV*，以使相应的功率损耗能够满足

$$\frac{P_{\text{ECOV}^*}}{P_{\text{ECOV}}} = K_{\text{ECOV}}$$

式中　$K_{\text{ECOV}}$——加速老化试验中 3 只试验比例单元任意一只的 $P_{11}$ 与 $P_0$ 的最高比值。否则认为试验失败。

**2. 避雷器不承受电压反转试验程序**

（1）试验程序。在施加电压后 0.5～1h，在电压 $U_{\text{ct}}$ 下测量电阻片的功率损耗 $P_0$。在第一次测量给出 $P_0$ 后，在每 1000h 内测量一次电阻片的损耗功率并标记为 $P_1 \sim P_9$。最后，应在相同条件下老化 $1000_0^{+100}$ h 之后测量电阻片功率损耗 $P_{10}$。允许试品在试验期间意外断电的总时长不超过 24h。但是，最终测量应在持续赋能不少于 100h 之后进行。在允许的温度范围内，所有测量应在相同温度 +1K 下进行。

所施电压最好具有和施加在避雷器上的实际电压相同或相似的波形。如果由于试验设备所限而不可行，则必须施加能产生更高或相等应力的等效电压。例如，如果施加的纯直流试验电压幅值等于或高于含有暂态电压的实际直流电压，则认为纯直流试验电压比叠加了暂态电压的实际直流电压更为严格。

如果避雷器安装的环境温度超过 60℃（24h 平均值），则应增加试验时间。试验时间按下式计算

$$t = 154\,408 / [2.5^{(115 - T_{\text{a}})/10}]$$

式中　$t$——试验持续时间，h；

　　　$T_{\text{a}}$——环境温度。

（2）试验评价。如果 3 只试品的 $P_1 \sim P_{11}$ 均等于或小于 1.1 倍 $P_0$、$P_{10}$，不大于 1.3 倍的 $P_1 \sim P_9$ 中的最小值，则认为已通过该试验，否则认为试验失败。

### 6.4.4　动作负载试验

动作负载试验目的是验证避雷器在持续运行电压条件下，注入额定热能量 $W_{\text{th}}$ 后的热恢复能力。因为高压直流换流站（HVDC）中的避雷器一般波形复杂，任何瞬态过电压引起的热量均压包含在额定热能量中。

测量设备应满足要求。施加的持续运行电压峰值从空载到满载状态变化不应超过 1%。试验期间，电压的峰值和有效值均不应偏离规定值超过＋1%。

具有无显著持续运行电压的避雷器，无需进行试验。

1. 避雷器比例单元

该试验的热恢复部分在与实际避雷器的热等价比例单元上进行。试品应装有温度传感器以便测量其部件的温度。

该试验的特性和预处理部分可以在静止空气中的电阻片或在绝缘等价比例单元上于 20℃＋15K 的环境温度下进行。试验应在 3 只试品上进行。

如果测得的平均运行温度 $T_{ars}$ 不高于 60℃，则该试验热恢复部分的起始温度 $\theta_{start}$ 应为 60℃或等于 $T_{ars}$。

2. 试验程序

（1）初始试验和预备性试验。初始试验和预备性试验的程序：

1）每只试品均应在 10kA 放电电流下进行残压试验，并且只在试验前于规定参考电流下进行参考电压试验。参考电压试验是计算持续运行电压和额定电压的必要条件。对于多柱避雷器，柱之间的电流分布应在电流分布试验的冲击电流下进行测量。最大电流值应不大于制造厂规定的上限值。允许在冲击电流下不测量电流分布，但在这种情况下，$\beta_a$ 应设定为 1。

2）为了达到预处理的目的，试品应承受两次大的电流冲击，其幅值至少是 100kA。该预处理可在绝缘等价比例单元上进行，并且如果其他所有要求均已满足，那么施加第一次大电流冲击，可以视作是验证避雷器内部元件的绝缘耐受试验。在冲击前后应有足够的时间使环境温度冷却。冲击应是相同的极性，并且它们的极性应分别与用于该试验的热恢复部分里能量注入和电荷转移中的电流冲击的极性相同。

3）在大电流冲击施加后，试品应在室温下贮存。如果预处理已在绝缘等价比例单元上进行，那么电阻片应从贮存前的比例单元中移出。随后，在进行热恢复试验之前，不应以任何形式的电压或电流应力对试品赋能。

对于一些避雷器种类，比如滤波器避雷器，实际电流可能超过 100kA。这种情况下，试验应以实际电流幅值进行，或者如果使用的是多柱避雷器，则电流可以根据柱数和在单柱上进行的试验做相应地减小。

（2）热稳定试验。热稳定试验程序：

1）整只试品应预热到至少等于起始温度 $\theta_{start}$ 的温度。预热不应超过 20h。

2）电阻片的温度在即将注入能量前应至少是温度传感器测得的起始温度 $\theta_{start}$。

3）能量应在 3min 之内通过一个或多个 2～4ms 的长持续时间电流冲击或持续 2～4ms 的单极正弦半波电流冲击注入。电流幅值和冲击次数并不严格要求，但取值应能使总放电能量至少满足规定的热能量额定值。应测量能量的注入量 $u(t)i(t)$ 的时间积分。电流冲击的幅值可调整成每个单独的冲击以满足规定的总能量值。对于多柱避雷器，应根据电流不均匀系数调整能量。

4）注入能量后的 100ms 内，应施加一个等于持续运行电压 $U_{cHVDC}$ 或 ECOV 的电压 30min

以验证热稳定。应监测试品的电流阻性分量、功率损耗、温度或三者的任意组合，直至测量值明显减少（通过），但不少于 30min，或出现明显的热崩溃现象（不通过）。

3. 试验评价

如果满足下列所有条件，则试验通过：

（1）已验证热稳定。

（2）没有明显的机械损伤。

（3）试验前后 10kA 雷电冲击电流下的残压变化不超过 $\pm5\%$。

### 6.4.5　电晕试验

试品为整只避雷器。

用肉眼、望远镜观察可见电晕，试验应在黑暗条件下进行，观测者需在黑暗条件下停留 15min 以上，以适应黑暗条件下的观测；紫外成像仪可用于白天非黑条件下进行可见电晕电压试验。试验时逐步升高施加在试品上的电压，直至观察到试品电晕的产生，维持 5min，并记录该电压作为电晕起始电压；然后逐步降低施加在试品上的电压，直至试品上的电晕消失，维持 5min，并记录该电压为电晕熄灭电压。上述试验重复三次，分别取其平均值作为该试品的电晕起始电压和电晕熄灭电压。

## 6.5　金属氧化物避雷器维护预防性试验

### 6.5.1　试验项目

运行中避雷器的常规试验项目见表 6-9。

表 6-9　　　　　　　　常规金属氧化物避雷器试验项目

| 序号 | 试验项目 | 无间隙<br>（YW、WHW、HYW） | 配电型有串<br>联间隙（YC） | 线路用避雷器<br>本体 |
|------|---------|------------------------|------------------------|------------------|
| 1 | 绝缘电阻的测量 | √ | √ | √ |
| 2 | 直流参考电压及 0.75 倍直流<br>参考电压下漏电流试验 | √ | × | √ |
| 3 | 工频放电电压试验 | × | √ | × |
| 4 | 持续电流试验 | √ | × | × |
| 5 | 红外热成像检测 | √ | × | × |
| 6 | 工频参考电压试验 | √<br>（必要时进行） | × | × |
| 7 | 局部放电试验 | √<br>（必要时进行） | × | × |
| 8 | 监测器动作试验 | √ | × | × |
| 9 | 底座绝缘电阻的测量 | √ | × | × |

### 6.5.2 绝缘电阻的测量

测量避雷器的绝缘电阻，目的在于初步检查避雷器内部是否受潮；有并联电阻者可检查其通、断、接触和老化等情况。一般使用 2500V 及以上绝缘电阻表测量；220V、380V 等级低压避雷器使用 500V 绝缘电阻表测量。

### 6.5.3 直流参考电压及 0.75 倍直流参考电压下漏电流试验

1. 测量直流参考电压及 0.75 倍直流参考电压下漏电流试验回路

（1）直流参考电压及 0.75 倍直流参考电压下漏电流试验接线如图 6-9 所示。试验设备可采用成套直流高电压试验器，也可采用自行搭建的直流高电压试验器，此时直流高压试验器的整流回路中应加滤波电容器 $C$，其电容量为 $0.01 \sim 0.1 \mu F$。

测量直流参考电压及 0.75 倍直流参考电压下漏电流所用设备的直流电压纹波因数必须满足标准规定。由于目前使用的直流电压发生器都是通过整流后将交流电压变成直流电压，因此使用时，应采取一定措施，避免附近的交流电源及直流离子流产生的干扰，影响对所测避雷器质量情况的判断。现场实践表明，在局部停电条件下测试避雷器时，除了所用仪器应有较强的抗干扰性能和应使用比较粗的连接导线外，还应将被试避雷器的高压端用屏蔽环罩住或采取屏蔽措施。必要时，在靠近被试避雷器接地的部位也应加屏蔽环或采取屏蔽措施，将避雷器的外套杂散电流屏蔽掉。天气潮湿时，可用加屏蔽环的方法防止避雷器绝缘外套表面受潮影响测量结果。

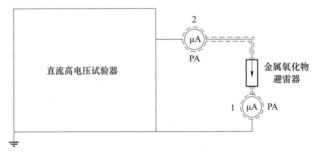

图 6-9　漏电流试验原理接线图

1～2—微安表位置；PA—微安表

（2）试验电压应在高压侧测量，测量装置应经过校验，误差不应大于 1%。推荐用高阻器串微安表（或用电阻分压器接高内阻电压表）测量。

（3）测量漏电流时，应尽量避免电晕电流、杂散电容和表面潮湿污秽的影响。

微安表可接在图 6-9 中 1 或 2 的位置。若将微安表接在图 6-9 中微安表 2 的位置，此时从微安表到避雷器的引线需加屏蔽，分压器高压侧应接在微安表的电源侧，读数时注意安全。使用专用的成套装置测量时，宜在被试品下端与接地网之间（此时被试品的下端应与接地网绝缘）串联一只带屏蔽引线的电流表，如图 6-9 中微安表 1 的位置。此时，应注意避免避雷器潮湿或污秽对测量结果的影响，必要时可考虑加装屏蔽环。电流表精度应高于成套装置上的仪表，当两只电流表的指示数值不同时，应以外部串联的电流表读数为准。

测量漏电流的微安表,其准确度不宜大于 1.5 级。

2. 直流参考电压及 0.75 倍直流参考电压下漏电流试验方法

(1)直流参考电压为无间隙金属氧化物避雷器通过直流参考电流时,被试品两端的电压值。0.75 倍直流参考电压下的漏电流,为试品两端施加 0.75 倍的直流参考电压,测量流过避雷器的漏电流。直流参考电压及 0.75 倍直流参考电压下的漏电流是判断避雷器质量状况的两个重要参数,运行一定时期后,直流参考电压及 0.75 倍直流参考电压下漏电流的变化能直接反映避雷器的老化、劣化以及受潮程度。

(2)直流参考电压值应符合 GB 11032—2010《交流无间隙金属氧化物避雷器》中的规定,并且与初始值或出厂值相比较,变化率应不大于 ±5%。

(3)测量 0.75 倍直流参考电压下漏电流值与初始值或制造厂给定值相比较,且漏电流值应不大于 50μA。对于多柱并联和额定电压 216kV 以上的避雷器,漏电流值应不大于制造厂标准的规定值。

测量 0.75 倍直流参考电压下漏电流值时的直流参考电压值应选用直流参考电压初始值或制造厂给定的直流参考电压值。

(4)避雷器的直流参考电压及 0.75 倍直流参考电压下漏电流两项指标中有一项超过上述要求时,应查明原因。当这两项指标同时超过上述要求时,应立刻退出运行。

(5)为降低拆装避雷器高压端引线对避雷器端部的应力损伤,宜采用不拆引线测量多节叠装避雷器直流 1mA 电压及 $0.75U_{1mA}$ 下漏电流的方法。以三节叠装避雷器为例(多于三节叠装避雷器参照执行),不拆引线测量多节串联避雷器直流 1mA 电压 $U_{1mA}$ 及 $0.75U_{1mA}$ 下漏电流的原理与接线方式如下:

当不拆高压引线时,避雷器与变压器或电容式电压互感器(CVT)相连,若在避雷器端部施加电压,则此电压将会传递到变压器中性点上,而变压器中性点可能耐受不住这样高的电压。因此,不能采用常规接线测量上节避雷器元件。由于避雷器的电阻片是非线性电阻,正、反向加压通过的电流一致,因此,可通过反向加压进行测量,即将避雷器首端通过毫安表接地,在上节避雷器末端施加直流电压。这样,避雷器端部为低电位,CVT 及变压器均不受影响。毫安表测量的仅为上节避雷器元件的电流值,因而测试结果准确、可靠。

三节叠装的避雷器测量直流 1mA 参考电流下的参考电压 $U_{1mA}$ 及 $0.75U_{1mA}$ 下漏电流的试验接线图如图 6-10 所示。试验时线端 A 点直接接地。

第一节避雷器测量时,B 点经电流表 PA 接直流高压,D 点经电流表 $PA_1$ 接地。当试验电流 $I-I_1=1mA$ 时,直流高压发生器输出电压即为第一节避雷器直流 1mA 参考电流下的参考电压 $U_{1mA}$,当直流高压发生器输出电压为 $0.75U_{1mA}$ 时,电流 $I-I_1$ 即为 $0.75U_{1mA}$ 时的漏电流。

第二节避雷器测量时,C 点接直流高压,B 点接地,D 点接一只 3~10kV 的支撑避雷器或一个电阻箱,然后再经电流表 $PA_1$ 接地。电阻箱的电阻值可以分 5MΩ、10MΩ、15MΩ 和 20MΩ 等几挡调节,使第三节避雷器和支撑避雷器(或电阻箱)通过 1mA 直流电流时的直流电压之和大于第二节避雷器的直流 1mA 参考电流下的参考电压 $U_{1mA}$,以确保直流高压发生器的负载不至于过大,同时也保证基座上的电压不会击穿基座绝缘。测量时监视 $PA_1$ 与 PA 的示数,若 $PA_1$ 示数 $I_1$,先达到 1mA,则将 D 处支撑避雷器或电阻箱的电阻值重新选择。当

$I-I_1=1$mA 时，直流高压发生器输出电压即为第二节避雷器直流 1mA 参考电流下的参考电压 $U_{1mA}$。当直流高压发生器输出电压为 $0.75U_{1mA}$ 时，电流 $I-I_1$ 即为 $0.75U_{1mA}$ 时的漏电流。也可将 B 点经电流表 $PA_2$ 接地[见图 6-10（b）虚线部分所示]，当电流表 $PA_2$ 所示电流 $I_2=1$mA 时，直流高压发生器输出电压即为第二节避雷器直流 1mA 参考电流下的参考电压 $U_{1mA}$。当直流高压发生器输出电压为 $0.75U_{1mA}$ 时，电流表 $PA_2$ 所示的电流 $I_2$ 即为 $0.75U_{1mA}$ 时的漏电流。

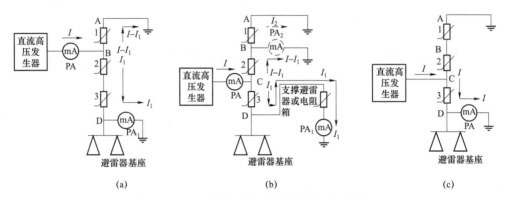

图 6-10　三节元件串联安装避雷器测量接线图

（a）第一节测量接线；（b）第二节测量接线；（c）第三节测量接线

第三节避雷器测量时，C 点接直流高压，D 点经电流表接地。当 $I=1$mA 时，直流高压发生器输出电压即为第三节避雷器直流 1mA 参考电流下的参考电压 $U_{1mA}$。当直流高压发生器输出电压为 $0.75U_{1mA}$ 时，电流表 PA 所示的电流即为 $0.75U_{1mA}$ 时的漏电流。另外需要注意的是，测量避雷器直流 1mA 参考电流下的参考电压 $U_{1mA}$ 以及 $0.75U_{1mA}$ 下漏电流时，如天气潮湿，应尽量采用屏蔽接线。试验时，除了对被试品采用适当屏蔽措施外，还应注意高压引线和测量线的走向。

3. 线路用避雷器直流 1mA 电压 $U_{1mA}$ 及 $0.75U_{1mA}$ 下漏电流测量方法

（1）对于单节避雷器配置，可不拆除线路导线跳线和铁塔两侧挂接的临时地线。直接将避雷器地端经高压线接直流倍压筒，从避雷器高压端接电流引线，接至电流测量单元，即可进行试验。

（2）对于多节避雷器配置，试验前需拆除避雷器末端放电计数器接地线，以 500kV 三节避雷器为例（多于三节避雷器参照执行），将下节避雷器下端通过跳线与线路导线相连，并通过接地线接地，如图 6-11 所示。

1）下节避雷器的测量。下节避雷器测量方法如图 6-11（a）所示，在下节避雷器顶端施加直流试验电压，高压端的微安表（$I_1$）加屏蔽，上节避雷器顶端再串接直流微安表（$I_2$）接地。当测量 $U_{1mA}$ 时，可忽略流过中节和上节的漏电流（$I_2$）影响，当高压端微安表（$I_1$）到达 1mA 时，即可读出下节避雷器 $U_{1mA}$。当测量 $0.75U_{1mA}$ 时，不能忽略流过中节和上节的漏电流（$I_2$）影响，此时下节避雷器的漏电流为 $I_H=I_1-I_2$。

2）中节避雷器的测量。中节避雷器测量方法如图 6-11（b）所示，在下节避雷器顶端施加直流试验电压，中节避雷器顶端经直流微安表接地并加屏蔽，可通过此微安表读数直接

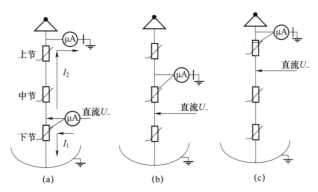

图 6-11　线路用避雷器不拆线试验接线图

(a) 下节避雷器；(b) 中节避雷器；(c) 上节避雷器

测量中节避雷器 $U_{1mA}$ 及 $0.75U_{1mA}$。注意由于下节避雷器下端是经线路跳线的临时接地线接地的，因此流过直流高压测试仪的电流为下节和中节避雷器电流之和，电流值可能超过 2mA。

3）上节避雷器的测量。上节避雷器测量方法如图 6-11（c）所示，在中节避雷器顶端施加直流试验电压，上节避雷器顶端点串联直流微安表接地并加屏蔽，可通过此直流微安表直接测量上节避雷器 $U_{1mA}$ 及 $0.75U_{1mA}$。

试验设备要求：

• 多节配置线路用避雷器试验用直流高压发生器的额定电流至少为 3mA。

• 高压引线不能过重，并要有一定的自身强度和绝缘强度。

4. 多柱并联避雷器直流参考电压及 0.75 倍直流参考电压下漏电流测量方法

串补装置用金属氧化物限压器单元内部一般有单柱或多柱电阻片（$n$ 柱，$n$ 一般不大于 5）并联，试验电流值宜取 1mA/柱，按照限压器单元内部并联电阻片柱数选取合适的试验电流值。

试验前应拆除连接限压器高压端的母排，并将限压器低压端接平台，限压器低压端与直流高压发生器共地。

测量时将被试限压器单元与其余并联在一起的限压器单元解开，如果电压较高，那么还需要在施加高电压端周围采取绝缘隔离措施。

$U_{nmA}$ 实测值与初始值或制造商出厂试验值比较，变化不大于 ±5%；$0.75U_{nmA}$ 下的漏电流不大于制造商规定值。

试验设备要求：

对于有多电阻片柱并联的限压器单元，直流高压发生器的额定电流至少为 1.5 倍电阻片柱数。

5. 三相组合式避雷器直流电压 $U_{1mA}$ 及 $0.75U_{1mA}$ 下漏电流测量方法

三相组合式无间隙金属氧化物避雷器由四个元件组成，每个元件由非线性金属氧化物电阻片和相应的零部件组成，其外套为复合外套或瓷外套的避雷器。四个元件的一端连接成一中性点，其中三个元件的另一端分别与被保护设备的 A、B、C 三相连接，第四个元件的另一端 O 接地，如图 6-12 所示。

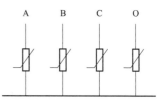

图 6-12　三相组合式避雷器结构示意图

三相组合式避雷器直流电压 $U_{1mA}$ 及 $0.75U_{1mA}$ 下漏电流测试按要求对整只避雷器测量直流 1mA 参考电流下的直流参考电压值即为 $U_{1mA}$，其值应符合 JB/T 10496—2005《交流三相组合式无间隙金属氧化物避雷器》的规定。避雷器 $0.75U_{1mA}$ 下漏电流不应大于 50μA。进行测试时，需分别测量相一相和相一地的直流电压 $U_{1mA}$ 及 $0.75U_{1mA}$ 下漏电流。测试相一相〔以 A—B 为例，其余的相一相（B—C、A—C）和相一地（A—O、B—O、C—O）参照开展〕直流电压 $U_{1mA}$ 及 $0.75U_{1mA}$ 下漏电流时，分别将直流高压发生器的高压端和地电位连接至 A、B 端，按 GB 11032—2020《交流无间隙金属氧化物避雷器》的要求进行测试。直流高压发生器的高压端也允许在单个元件上进行测量，其 $U_{1mA}$ 值为每个元件的 $U_{1mA}$ 之和。

6. 漏电流的温度换算系数

对不同温度下测量的避雷器漏电流进行比较时，需要将它们换算到同一温度。经验指出，温度每升高 10℃，电流增大 3%～5%，可参照换算。

### 6.5.4　避雷器的工频放电电压试验

1. 一般要求

测量工频放电电压，是对有串联间隙的金属氧化物避雷器（内间隙）必做的项目。对每一个避雷器应做三次工频放电试验，每次间隔不小于 1min，并取三次放电电压的平均值作为该避雷器的工频放电电压。

2. 试验连接

工频放电试验接线与一般工频耐压试验接线相同，如图 6-13 所示。试验电压的波形应为正弦波，为消除高次谐波的影响，必要时在调压器的电源取线电压或在试验变压器低压侧加滤波回路。

对有串联间隙的金属氧化物避雷器，应在被试避雷器下端串联电流表，用来判别间隙是否有放电动作。

3. 试验回路保护电阻器 $R$ 的选择

图 6-13 中的保护电阻器 $R$，是用来限制避雷器放电时的短路电流的。

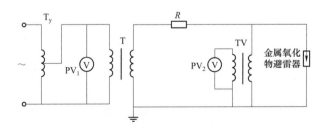

图 6-13　避雷器工频放电试验原理接线图

$T_y$—调压器；T—工频试验变压器；$R$—保护电阻器；TV—测量用电压互感器

有串联间隙的金属氧化物避雷器，由于电阻片的电阻值较大，放电电流较小，过电流跳闸继电器应调高灵敏度。调整保护电阻器，将放电电流控制在 0.05～0.2A，放电后在 0.2s 内切断电源。

#### 4. 升压速度

工频放电试验时，电压超过避雷器额定电压后的时间，应控制在 2s 之内。通常超过额定电压后到避雷器放电的升压时间不超过 0.2s。

#### 5. 工频放电电压的测量

对不带并联电阻的避雷器，在间隙击穿前漏电流很小，在正弦电压下，可根据低压侧电压表的读数和试验变压器的变比来计算避雷器的放电电压。试验变压器的电压比应事前校准，电压表的准确度应不低于 0.5 级。

对有并联电阻的避雷器，应在被试避雷器两端直接测量它的工频放电电压，用不低于 0.5级的电压互感器或分压器配合示波器或其他记录仪进行测量。在放电时观察放电电压的波形，通常工频电压波形上会叠加高频振荡，其振荡幅值有时会超过工频部分，应以放电时的工频放电电压为准。也可在分压器测量的低压回路中串以数千欧的阻尼电阻，起到抑制高频振荡的作用。这时需要重新校验分压器的分压比。应使用交流峰值电压表测量电压，其准确度不应低于 1.0 级，并应注意消除放电高频振荡引起的误差。

### 6.5.5　持续电流试验和工频参考电压试验

#### 1. 持续电流试验

由于金属氧化物避雷器交流泄漏全电流 $I_x$、阻性电流分量 $I_r$ 和容性电流分量 $I_c$ 的变化是判断避雷器劣化或受潮情况的重要依据之一，因此在交接和现场投运之初，必须测量避雷器的 $I_x$、$I_r$ 和 $I_c$，并以此值为初始值存入运行初始档案。

测量避雷器 $I_x$、$I_r$ 和 $I_c$ 时的电压要求：在试验室条件下或在变电站现场某些停电情况下，应对避雷器（或其串联组合元件）施加避雷器持续运行电压（该电压一般为避雷器额定电压的 0.76～0.80 倍，具体数值见 GB 11032—2020《交流无间隙金属氧化物避雷器》）。为了便于现场运行状态下避雷器质量的监督，应同时测量避雷器在现场运行条件下的 $I_x$、$I_r$ 和 $I_c$，此时对避雷器施加工频运行相电压。

测量避雷器的 $I_x$、$I_r$ 和 $I_c$，应使用专门的金属氧化物避雷器阻性电流测试仪。

试验时要记录气象条件，当测试时的环境温度高于或低于测试初始值的环境温度时，应将此时所测的阻性分量电流值进行温度换算后，才能与初始值相比较。

#### 2. 工频参考电压试验

工频参考电压是无间隙金属氧化物避雷器的重要参数之一，它表明电阻片的伏安特性曲线饱和点的位置。工频参考电压的变化能直接反映避雷器的老化、劣化程度。

工频参考电压是指在避雷器通过工频参考电流时测出的避雷器工频电压峰值除以 $\sqrt{2}$。

由于在带电运行条件下受相邻相间电容耦合的影响，金属氧化物避雷器的阻性电流分量不易测准，当发现阻性电流有可疑迹象时，应测量工频参考电压，它能进一步判断该避雷器是否适于继续使用。

判断的标准是与初始值和历次测量值比较，当有明显降低时就应对避雷器加强监视。进行测量值比较时，应将基准值和被比较值的环境气象因素考虑在内。110kV 及以上的避雷器，其参考电压降低超过 10%时，应查明原因。

### 6.5.6 运行中带电监测避雷器的方法

为了在运行中监测避雷器内部是否受潮、金属氧化物电阻片是否劣化等，可以采用定期测试运行中全电流的方法，即在避雷器放电记数器两端并接低内阻的交流电流表，用同一电

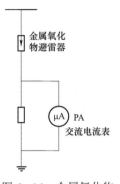

图 6-14　金属氧化物
避雷器原理接线图

流量程测量，同时记录母线电压，如图 6-14 所示。正常情况下，通过避雷器的漏电流很小，在微安表上测得的阻性电流通常在 500μA 以下，一旦内部受潮，流过微安表的电流可增加到几毫安甚至几十毫安。由于运行电压往往有波动，不易确定一个绝对标准来判断是否严重受潮，但可对以往的记录和三相进行互相比较，如果漏电流有明显差异，则必须进行处理。

目前常用的带电监测金属氧化物避雷器漏电流的专用仪器为阻性电流测试仪和带漏电流监测功能的避雷器放电计数器。带漏电流监测功能的避雷器放电计数器的测试原理和全电流测试仪相类似，当金属氧化物避雷器内部严重受潮时，避雷器的漏电流可增至初始值的两倍及以上，并且增加的趋势会越来越快，因此这种仪器能够有效地检测出避雷器内部受潮的严重情况。但是该仪器反映的漏电流值是避雷器的全电流，而避雷器的全电流是阻性电流分量和容性电流分量的矢量和。在正常情况下避雷器容性电流分量大，阻性电流分量小；但劣化情况下避雷器的阻性电流分量变大后，容性电流分量却变小，此时避雷器阻性电流分量和容性电流分量矢量相加的结果，使得该仪器所显示的避雷器劣化后的全电流变化并不明显。现场实践表明，当避雷器发生严重劣化导致阻性电流明显上升时，该仪器所测出的避雷器漏电流值却经常处于正常范围内，易造成误判。因此一般不应使用这种仪器监测运行中的避雷器劣化情况。

阻性电流分量或金属氧化物电阻片的损耗是发现金属氧化物电阻片老化程度的主要判据，同时也能发现避雷器内部严重受潮导致的阻性电流分量或金属氧化物电阻片损耗增大。因此应采用阻性电流测试仪对避雷器进行带电运行监测。专门用来测量金属氧化物避雷器阻性电流分量的专用仪器，通常采用如图 6-15 所示的桥式电路。

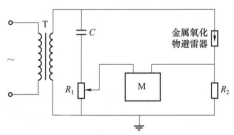

图 6-15　测量金属氧化物避雷器阻性电流分量的专用桥式电路

M—电流表或电子示波器；$R_1$—可变电阻器；$R_2$—电阻器；T—试验变压器；C—标准电容器

目前用于避雷器阻性电流测试的仪器主要分为两类：

一类是同时需用运行相电压的桥式补偿电路或类似的电子仪器，接线方式如图 6-16 所

示。试验时将电压监测盒接到电流互感器二次端子上，将带有磁屏蔽罩的钳形电流互感器铁心夹在避雷器的接地线上，不需拆断接地线。由于桥式补偿电路或类似的阻性电流测试仪测试时，需从电压互感器二次端子上取运行相电压作为仪器的标准电压，为预防测试过程中因不慎将电压线短路，而影响电流互感器二次电压的正常工作，应采用光电绝缘式电压监测盒的阻性电流测试仪，或在电流互感器二次电压端子上并联一个高阻抗分压器的方法进行标准电压取样。现场实践证明，采用在电流互感器二次端子上并联的高阻抗分压器低压臂取标准电压时，即使高阻抗分压器的低压臂发生短路，也不会影响电流互感器二次电压的正常工作。判断避雷器质量情况时，将测得值与初始值相比较，若阻性分量增加到初始值的 1.5 倍时，应适当缩短测量周期；若阻性分量增加到初始值的 2 倍时，应立即停电检查。试验时要记录气象条件，当测试时的环境温度高于或低于测试初始值的环境温度时，应将此时所测的阻性分量电流值进行温度换算后，才能与初始值相比较。现场实践证明，对一字形排列的三相 110～1000kV 金属氧化物避雷器，由于相间杂散电容耦合影响，这种测量方法会产生误差，应予以注意。解决这种问题的简便办法是：不论影响程度如何，只需将避雷器各自的前后测试数据单独进行比较，按照上述判断依据，一般也能发现问题。目前在此基础上，已研制出采用移相补偿原理的阻性电流测量仪器，能基本上消除相间电容干扰的影响。

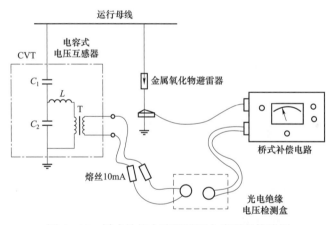

图 6-16　桥式补偿电路测量漏电流原理接线图

　　另一类是不需用运行相电压，采用三次谐波电流原理制成的仪器，接线方式如图 6-17 所示。试验时在避雷器接地线侧放电计数器盒（TXB 型）的电流互感器二次引出端子上，接上测试仪的匹配器，经测量电缆接到测试仪，可测出漏电流的平均值、峰值和三次谐波分量的峰值百分数。此测试仪不需接入电流互感器的二次电压，现场使用比较方便，但受电网谐波影响较大。测量时应记录各相对地电压。判断避雷器质量情况时，在相同条件下，测得的数值三相相差较大时，建议停电检查。现场实践表明，在电气化铁路沿线的变电站或有整流源的场所，由于电网电压谐波的影响使得采用三次谐波电流原理制成的仪器无法测出避雷器的劣化情况，因此在这些场所不宜使用这类仪器进行避雷器质量的判断。

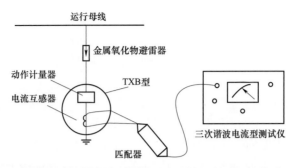

图 6-17 三次谐波电流型漏电流测试仪原理接线图

# 第7章 金属氧化物避雷器选型

## 7.1 绝缘配合

### 7.1.1 概述

绝缘配合决定了电介质的耐受能力和电力系统在电磁作用下的响应特性。这要求在选择设备的电介质绝缘强度时，要考虑设备所在的系统可能出现的电压、运行环境及保护和控制设备的特性。

本章概述了绝缘配合的基本原则，包括确定设备保护裕度的程序、各种类型的过电压以及避雷器在设备和电网中的应用。

GB 311.1—2012《绝缘配合 第 1 部分：定义、原理和规则》给出了绝缘配合的程序。GB 311.2—2013《绝缘配合 第 2 部分：使用导则》给出了应用指南。标准涉及范围Ⅰ（系统最高运行电压不高于 252kV）范围Ⅱ（系统最高运行电压高于 252kV）中设备绝缘的选取和额定耐受电压确定。

电力系统中的绝缘配合的应用可以分成两类：线路和变电站。线路绝缘配合主要涉及防止雷电和线路投切操作引起的线路故障；变电站绝缘配合主要涉及线路雷电侵入和在变电站投切操作引起的变电站设备故障。

本章给出了应用于标称电压 1kV 以上交流电力系统中避雷器的选择和应用建议。适用于 GB/T 11032—2020《交流无间隙金属氧化物避雷器》所规定的无间隙金属氧化物避雷器，也适用于 GB/T 28182—2011《额定电压 52kV 及以下带串联间隙避雷器》所规定的带串联间隙金属氧化物避雷器和 GB/T 32520—2016《交流 1kV 以上架空输电和配电线路用带外串联间隙金属氧化物避雷器（EGLA）》、DL/T 815—2012《交流输电线路用复合外套金属氧化物避雷器》所规定的带外串联间隙金属氧化物避雷器。

### 7.1.2 绝缘配合程序

典型的绝缘配合程序包括：

（1）系统分析：运行中代表性的电压和过电压，选择避雷器的保护特性和安装位置。

（2）设备的配合耐受电压（$U_{cw}$）的确定，选择避雷器的保护特性和安装位置［在（1）中没有考虑雷电过电压］。

（3）要求的耐受电压（$U_{rw}$）的确定。

（4）选择额定绝缘水平。

上述程序解决在分析中避雷器的保护特性和安装位置的选择，并决定雷电过电压和操作过电压的配合耐受电压。

### 7.1.3 绝缘配合过电压

1. 概述

电力系统受到扰动会产生过电压，如系统故障、受到雷击和断路器操作等。过电压所产生的应力会超过设备的设计耐受能力，并给系统运行带来不利的影响。确定避雷器的过电压的类型很重要，因为它决定了避雷器的暂时过电压（TOV）耐受能力、保护裕度及能量吸收能力。

电力系统在有或无避雷器保护情况下可能出现的典型过电压（见表7−1）与设备绝缘强度的关系如图7−1所示。在电力系统中避雷器通常不用于保护工频和暂时过电压。

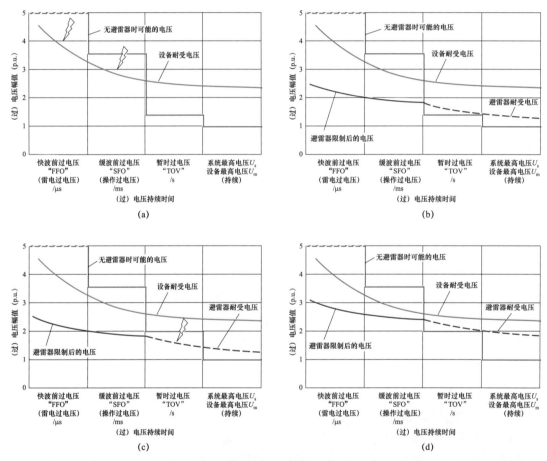

图7−1 不同接地系统下典型的电压及持续时间

（a）未使用避雷器的有效接地系统的示例，缓波前过电压和快波前过电压超过设备耐受电压；（b）使用避雷器的有效接地系统的示例，避雷器将缓波前过电压和快波前过电压限制在设备耐受电压之下；（c）使用避雷器的中性点不接地系统的示例，避雷器提供保护，但TOV超过避雷器耐受电压（在TOV下避雷器失效）；（d）使用更高额定电压避雷器的中性点不接地系统的示例，TOV未超过避雷器耐受电压，在缓波前过电压和快波前过电压下对设备仍有有保护裕度

注：1（p.u.）=$\sqrt{2}U_s/\sqrt{3}$。

表 7-1　　　　　　　　　　　　　　电力系统可能出现的典型过电压

| 过电压分类 | | | | 过电压倍数 |
|---|---|---|---|---|
| 暂时过电压 | 单相接地故障 | | 有效接地系统 | 1.3～1.4 |
| | | | 不接地系统 | ≥1.7 |
| | 甩负荷容升效应 | | 200km 线路 | 1.02 |
| | | | 300km 线路 | 1.1 |
| | | | 连接有线路的变压器合闸 | 1.2～1.8 |
| 操作过电压 | 线路合闸 | | 空载线路 | 1.5～2.0 |
| | | | 无合闸电阻的重合闸 | 3.0～3.4 |
| | | | 有一级合闸电阻的重合闸 | 2.0～2.2 |
| | | | 有可控合闸的重合闸 | 1.2～1.5 |
| | 发生故障 | | 非故障相 | 2.1 |
| | | | 耦合回路 | 1.5 |
| | 清除故障 | | | 1.7～1.9 |
| | 分合并联电容器组 | 接地系统 | 断路器无重击穿 | 1.7 |
| | | 不接地系统 | 断路器发生重击穿无避雷器 | >3.0 |
| | | | 断路器发生重击穿有避雷器 | 2～3 |
| | 断路器瞬时恢复电压（TRV）及恢复电压上升率（RRRV） | 一般回路 | TRV | 1.7 |
| | | | RRRV | <2.0 |
| | | 电感性回路 | TRV | 约 3.0 |
| | | | RRRV 无 TRV 电容 | >4.0 |
| | | | RRRV 有 TRV 电容 | <3.0 |
| 进入变电站的雷电过电压 | 无架空地线 | | | >4.0 |
| | 有架空地线 | | | <4.0 |

对没有自恢复绝缘的电力设备，通常要将过电压限制在其绝缘强度的 85% 以下。对有绝缘自恢复的电力设备允许出现闪络，可以通过避雷器来限制过电压以达到期望的设备和系统运行性能。

图 7-2 中给出了典型避雷器的伏安特性。因为电力系统设备在暂时过电压的情况下不需要过电压保护，避雷器主要用于限制雷电和操作过电压。当在极端暂时过电压下需要避雷器起保护作用时，必须注意过电压持续累积的能量以及避雷器并联时的电流分配。

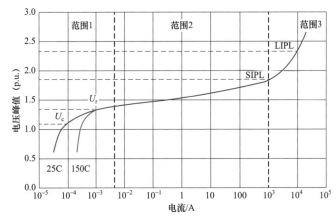

图 7-2　典型避雷器伏安特性

范围 1—稳态运行下的小电流区域；范围 2—暂时过电压和操作过电压下的高度非线性区域；

范围 3—雷电和操作冲击电流高于 1kA 的大电流区域；

LIPL—雷电冲击保护水平；SIPL—操作冲击保护水平

2. 雷电（快波前）过电压

雷电（快波前）过电压一般产生在雷击线路或线路附近，有时在设备附近的开关操作也会产生快波前过电压。过电压的波头时间一般为 0.1～20μs，波尾时间长达 300μs。

雷电冲击电流（通常不高于 200kA）会在回路上产生电压，该电压是电磁波在波阻抗上的压降。行波在波阻抗的交界处（设备的连接处）产生反射，当电压超过绝缘强度时就会产生闪络或击穿。

统计数据表明大多数雷电流都超过了 10kA。雷电的发生频繁程度因地区而不同，可以根据当地的落雷密度确定。

雷击事件分为三种：第一种是当架空地线屏蔽失败或无架空地线时，雷电可能直接击中导线；第二种是雷击线路附近的地面而在导线上产生感应电压；第三种是反击，在雷击屏蔽线或者杆塔后发生的，是一种沿绝缘子反击到导线上的闪络。

雷击对变电站的影响是根据雷击点与变电站的距离而确定的，即使只有雷击产生的部分电压波到达变电站，只要其幅值和陡度足够高，就会对变电站带来影响。其他因素如变电站的布置也会影响与雷电冲击有关的行波，通常行波会被连接在同一母线上的并联线路分流，降低对关键设备的危害。

感性设备分合过程中，如果其与开关设备的连接很短，也可能会出现快波前过电压。分合空载变压器和并联电抗器时，可以产生多次非常快速的预击穿和重击穿过电压。每次过电压的持续时间和传播都很短但却会发生多次。通常设备和开关之间的避雷器可以有效地降低这些快波前操作过电压，同时也会减少开关设备重击穿率。

3. 陡波前（特快波前）过电压

陡波前过电压的上升时间小于 0.1μs，一般是在 GIS 中隔离开关操作或故障，SF$_6$ 气体间隙的迅速击穿和几乎无阻尼的冲击波在 GIS 中的传播而产生的。在离开 GIS 时（如到达套管）

其幅值迅速衰减，波前时间变长，达到快波前过电压的范围。

一般情况下，避雷器不能有效防护陡波前过电压，其原因：① 过电压的电压幅值一般低于避雷器的保护水平。② 保护效果受到被保护设备和避雷器之间的距离以及避雷器尺寸的影响。

4. 操作（缓波前）过电压

在操作时初始电压与最终电压幅值和极性不同的情况下，会产生缓波前过电压。如果不考虑能量损失，从初始状态过渡到最终状态，电压的过冲可以达到 200%。在电力系统中，由于能量损耗，一般只有前两个或三个周期的瞬态振荡才有较高的幅值。

缓波前过电压波形的范围很宽，它取决于相关的电路。通常波头上升时间为 20～5ms。

线路合闸和重合闸的操作过电压可以产生通过避雷器高至约 2kA 的电流。对缓波前过电压来说电流的波前上升时间可以忽略。由于避雷器吸收能量有限，确定过电压的准确持续时间是非常重要的。

一些并不属于线路分合的开关操作也可能产生过电压，如操作并联电容器、电抗器及串联电容器等无功设备。

线路操作包括线路和设备的快速重合闸，这种操作很容易引起重击穿，超高压电缆线路有大的储存电荷能力，由于在重击穿时释放出很大的能量，将考验避雷器的吸收能量能力。

5. 暂时过电压

暂时过电压（TOV）是一种相对地或相对相的振荡过电压，持续时间较长，并且是无阻尼或者弱阻尼的。在这种情况下，暂时过电压的幅值是可以确定的，它对绝缘的影响按稳态考虑。引起暂时过电压的典型原因如下：

接地故障：在大部分电力系统中，过电压由接地故障产生。过电压的持续时间对应于故障时间（直到故障清除）。在中性点接地系统中一般不超过 1s。中性点谐振接地（消弧线圈接地）系统，如果有接地故障清除装置，故障持续时间通常小于 10s；如果没有接地故障清除装置，其持续时间可能达到几个小时。

甩负荷：甩负荷时随着负荷的切除，断路器电源端的电压会升高。过电压的值取决于切除的负载和供电变电站的短路容量。发电机变压器侧全负荷断开时，暂时过电压的值很高，该幅值取决于励磁和超速情况。

甩负荷过电压的值并不是固定的，应考虑下述典型的过电压值：

（1）在中等大小的电力系统中，由完全甩负荷引起的相对地过电压的值一般小于 1.2（p.u.），过电压的持续时间取决于电压控制设备的动作情况，可能达到几分钟。

（2）在较大的电力系统中，当发生电容性升高（Ferranti 效应）或者谐振效应时，由完全甩负荷引起的相对地过电压可以达到 1.5（p.u.）甚至更高，其持续时间可以达到几秒钟。

（3）当发电机变压器甩负荷时，汽轮发电机的暂时过电压值可以达到 1.4（p.u.），而水轮发电机的暂时过电压值可以达到 1.5（p.u.），持续时间约为 3s。

下述原因引起的暂时过电压则需要考虑电力系统的性质：

（1）谐振效应，例如当空载长线充电或系统之间的谐振。

（2）长线上的电压升高（Ferranti 效应）。

（3）谐振过电压，例如分合变压器时。

（4）通过互联变压器绕组的反馈，例如有共同的二次母线的两个变电站故障清除时或三相负载不对称变压器的一相动作时。

由铁磁谐振引起的暂时过电压不作为避雷器选择的基础。需注意引起暂时过电压的两种起因的次序，例如由接地故障引起的甩负荷，因为这两种过电压都相当严重。在这些情况下，甩负荷的容量取决于故障的位置，要慎重确定避雷器的安装位置。由接地故障和甩负荷共同引起的暂时过电压比任何一种情况作用下引起的暂时过电压都要高。当这两种情况发生的可能性比较大时，要综合考虑电力系统的实际结构。

### 7.1.4 绝缘配合原则

1. 概述

绝缘配合分为两个基本类别：线路绝缘配合和变电站绝缘配合。线路绝缘配合主要涉及防止由雷电或者线路开关操作所引起的线路故障；变电站绝缘配合主要涉及防止输电线路雷电侵入和变电站投切操作引起的变电站设备故障。

2. 线路绝缘配合

（1）概述。改善架空线路的跳闸率，可以在所有或者沿线选择的杆塔上安装线路用避雷器（LSA）来防止线路绝缘闪络。

线路用避雷器的保护特性与线路绝缘的雷电冲击耐受电压和操作冲击耐受电压配合。通常线路用避雷器直接与线路绝缘子并联安装，因此不需要考虑间隔距离。仅当线路用避雷器安装长的连接线时，才有必要考虑间隔距离。

也可以在多回塔中一回线路上安装线路用避雷器来防止双回线路同时跳闸。在一回线路上安装线路用避雷器也可以降低未被保护线路的跳闸风险。

在单回或多回线路上，采用安装线路用避雷器与单相或快速三相重合闸的措施，可控制沿线路的操作过电压的分布，提高系统的可靠性。

线路用避雷器的其他应用包括已建成的线路升压改造，新建紧凑线路，提升变电站防护水平及降低城市区域接触电压、跨步电压等风险。

（2）线路雷电过电压。线路雷电过电压由雷电直击架空线路或附近产生。在大多数区域，超过 50%的线路跳闸是由雷电过电压引起的。目前应用的大多数线路用避雷器是用来改善架空线路的雷电性能，以降低线路的跳闸率。

架空线路的绝缘通常为自恢复绝缘，采用线路上雷电流的分布概率来计算闪络概率。通常采用 $U_{50}$ 的值和典型的 $\sigma$ 为 3%来计算闪络概率。雷击闪络概率是线路的雷电性能的衡量标准。对于 72.5kV 及以上的架空输电线路，雷击闪络概率的典型值为 1~2.5 次/（100km·年）。对于配电架空线路以及地闪密度（GFD）非常高的地区，闪络概率的目标值可以高一些。地闪密度和 $T_D$ 之间的关系如下式所示，$T_D$ 为强度水平，用每年雷暴日表示

$$GFD = 0.04T_D^{1.25} \qquad (7-1)$$

线路雷电性能评估可以在计及安装线路用避雷器后做出。评估雷电性能时需考虑的因素包括土壤电阻率、杆塔接地阻抗、地闪密度、塔的尺寸、档距、接地线的位置及绝缘水平等。

雷击事件分为雷击导线、雷击屏蔽线或者杆塔（反击）及雷击线路附近的地面。

1）雷击导线。直击可能发生在未屏蔽的线路上或者屏蔽失效的屏蔽线路上。根据线路用避雷器预期的故障风险和跳闸率来选择线路用避雷器的能量要求。屏蔽失效闪络通常发生在较低的电流范围，一般低于 20kA。对于雷击导线（见图 7-3），大部分电流会通过最近的线路用避雷器漏放到大地。雷击导线的冲击电流会沿着档距向两个方向传播，线路用避雷器必须安装在雷击点左右相邻的两个杆塔上来防止线路闪络。需考虑在连续的位置安装线路用避雷器以有效防止直击或屏蔽失效引起的线路闪络。线路用避雷器也可以用来替代屏蔽线。线路用避雷器用来"保护"三角形相导体布置最高相不闪络，其作用类似于屏蔽线。为了减少配电线路上的直击雷引起的闪络，应在每个杆塔上安装线路用避雷器。

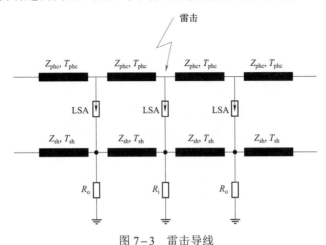

图 7-3　雷击导线

$Z_{sh}$—屏蔽线的波阻抗；$T_{sh}$—屏蔽线的波传输时间；$Z_{phc}$—相导体的波阻抗；$T_{phc}$—相导体的波传输时间；
LSA—线路用避雷器；$R_i$—最近杆塔的接地电阻；$R_o$—相邻杆塔的接地电阻

2）雷击屏蔽线或杆塔（反击）。由于雷击屏蔽线或杆塔引起的线路绝缘子两端电压升高，导致了从杆塔到导线的闪络发生（称为反击）。接地条件（土壤电阻率和杆塔设计）对杆塔具有很大的影响。雷击屏蔽线用于拦截大多数雷击，以保护导线免遭雷击。大部分雷电流会通过杆塔泄放到大地（见图 7-4），线路用避雷器吸收能量随着杆塔接地电阻的增大而提高。杆塔引起的跳闸率可以通过全相线安装线路用避雷器或者仅在与屏蔽线耦合系数最低的相中安装线路用避雷器来降低。线路用避雷器可以装在过电压最大的相导线上，线路用避雷器在雷击动作时，会产生另一路接地导体，提高了耦合系数，降低未安装线路用避雷器相上的反击概率。每相绝缘子串的电压应力取决于线路的具体参数，可通过分析确定安装线路用避雷器的位置。对于高接地电阻地区，不仅在高接地电阻的杆塔上安装线路用避雷器，而且还要在高接地电阻杆塔临近的一级或两级杆塔安装线路用避雷器。配电变压器避雷器会提供一定的线路保护，应包含在线路绝缘评估中。为了降低线路闪络率，应在没有安装避雷器的中性点接地系统的杆塔上和低于正常绝缘水平的杆塔上安装线路用避雷器。对建在屏蔽输电线路下面并与其共用一个杆塔的配电架空线路，不可能遭受直击雷，但易于发生反击。这种情况可以通过在配电架空线路上安装线路用避雷器来降低闪络率。通常在每个杆塔至少在一相上安装线路用避雷器。

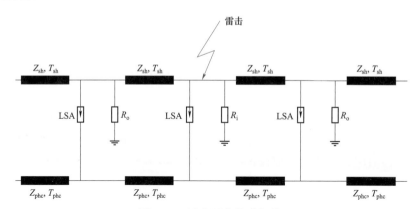

图 7-4 雷击屏蔽线或杆塔

$Z_{sh}$—屏蔽线的波阻抗；$T_{sh}$—屏蔽线的波传输时间；$Z_{phc}$—相导体的波阻抗；$T_{phc}$—相导体的波传输时间；

LSA—线路用避雷器；$R_i$—最近杆塔的接地电阻；$R_o$—相邻杆塔的接地电阻

3）雷击线路附近的地面。架空线路附近发生雷击时，线路上的雷电感应电压可能会导致线路闪络。感应过电压一般很少超过 300kV，输电线路的线路绝缘子雷电冲击耐受电压通常高于 300kV，因此感应过电压主要影响配电架空线路。对于易受到感应电压影响的架空线路，通常每间隔 200~400m 在所有相上安装线路用避雷器，将感应过电压的影响降到最小。

（2）线路操作过电压。高压线路采用概率方法进行设计，绝缘性能的评估方法基于预期的线路操作过电压特性和规定的线路绝缘水平。对于 252kV 及以下的线路，线路绝缘要求的雷电保护水平已有足够的操作绝缘强度。

1）闪络风险。统计配合因数是统计耐受电压与统计过电压之比，闪络率由闪络与配合因数关系图（GB 311.2—2013《绝缘配合　第 2 部分：使用导则》的图 8）得到。

2）操作冲击闪络率。操作冲击闪络率是所加电压和耐压强度关系的数值积分。所加操作过电压的分布可以由三种概率密度函数中的一种来近似得出，这三种函数为高斯、正偏斜极值和负偏斜极值。耐压强度由等效的大量并联绝缘子的耐压分布得到。

3）用于限制线路操作过电压的避雷器。线路用避雷器用以限制操作过电压，只需要在线路的两端位置和根据线路绝缘操作冲击耐受电压与线路长度可能需要沿线一到两个位置安装线路用避雷器。线路用避雷器限制操作过电压时需要在三相上安装。

3. 变电站绝缘配合

（1）雷电过电压防护。变电站的雷电防护包括两个基本任务：

1）防止雷电直击变电站设备或者母线。可以通过对变电站屏蔽实现，并采用避雷器保护变电站设备。

2）防止变电站设备受侵入雷电的危害。取决于线路的设计、变电站的布置和避雷器的应用策略。

影响变电站内避雷器安装位置的主要因素是线路和变电站屏蔽的有效性。即使线路没有屏蔽，通常也要对变电站进行屏蔽。如果线路有屏蔽，进入到变电站的雷电冲击电流通常小于线路没有屏蔽的情况，通过避雷器的电流幅值较小。

（2）变电站的屏蔽。敞开式变电站（AIS）屏蔽的基本设计和线路的稍有不同。虽然对于变电站母线来说，采取与线路相同的绕击跳闸率是可行的，但是对于具体设备基于绕击跳闸率的设计却很难实现。

另外一个不同是变电站屏蔽可以使用避雷针或屏蔽线中的一种或都使用。

（3）敞开式变电站。来自线路的雷电侵入波。变电站通常有防雷电直击变电站设备的避雷针或屏蔽线，因此变电站的雷电冲击主要取决于来自线路的雷电侵入波。整个过程可以概括如下：

1）评估对开路断路器保护的需求和类型。首先评估开路断路器的需求，如果需要使用避雷器，对变电站的初始研究时需要考虑。

2）选择雷电侵入波。应使用平均无故障时间（MTBF）的可靠性标准方法。

3）选择雷电冲击耐受电压。依据系统电压或设备的最高电压（$U_m$），可能的雷电冲击耐受电压通常限制在 1～3 个电压值。

4）评估正常和意外条件。对于多条进线的变电站，意外条件应该包括有些线路断开。按照 GB 311.2—2013《绝缘配合　第 2 部分：使用导则》，为了确定代表性过电压，连接的线路最大为 2 回线。

5）选择避雷器的类型、额定值和初步的安装位置。通常避雷器安装在变压器端，也可能安装在变电站线路的入口处。

6）按照 GB 311.1—2012《绝缘配合　第 1 部分：定义、原理和规则》，有屏蔽线的雷电侵入波在幅值和陡度上都低于没有屏蔽线路的雷电侵入波。对于有屏蔽的进线，避雷器应安装在能保护所有设备的地方，优先保护变压器。

当雷电侵入波到达变电站的入口时，基于以下几点估计雷电侵入波的幅值、陡度和波尾时间：

① 变电站和雷击点之间的距离。

② 雷电流的幅值。

③ 雷击类型（屏蔽失效或反击）。

到达变电站的雷电侵入波的数量是距离、反击闪络率和屏蔽失效率的函数。雷电侵入波数量的倒数是间隔期或每年雷电侵入波之间的平均时间。对于多路进线的变电站，每条线路都可能给变电站带来不同数量的雷电侵入波。

（4）多重雷击（断路器断开的情况）。多重雷击与线路断路器和终端设备有关，特别是没有屏蔽的线路，因为所有的多重雷击会有高的闪络概率。故障清除后，断路器的断开时间可能超过 500ms，即在第一次雷击后 30～300ms，终端设备可能遭受多重雷击。

一般来说电力系统中的断路器有可能发生此种情况时，应给予保护。通常的保护方式包括在断路器线路侧安装避雷器等。

（5）电缆连接。当用短电缆来连接设备与敞开式变电站时，通过避雷器提供足够保护裕度的预防措施会比较复杂。因为电缆和线路阻抗的比很低，只有一部分架空线路上产生的雷电侵入波可传入到电缆。当行波在 1km 以上的电缆中来回传播时，行波会通过自然电阻损耗而衰减。对于小于 1km 的电缆，由于多次反射和欠阻尼，可能在电缆终端出现过电压。因此，用于连接架空线路和设备的短电缆，其两端需要用避雷器来保护。

对于连接两个设备的短电缆，用于保护设备的避雷器同时也保护了电缆。直接位于电缆终端处的避雷器，连接导线应尽可能短。如果电缆屏蔽是接地的，避雷器的接地连接线应尽可能短地与电缆屏蔽连接。

（6）GIS 变电站保护。由于 GIS 变电站的复杂性，在不同的操作条件下可以产生陡波前冲击，推荐用电磁暂态程序来研究 GIS 变电站的情况。作为一般原则，避雷器应该安装在连接到 GIS 的线路入口端，限制进入 GIS 之前的过电压。

1）快波前（雷电）过电压防护。$SF_6$ 被击穿的速度比空气快，导致产生快波前和特快波前过电压。应采用计算机模型确定 GIS 配合雷电冲击耐受电压或保护范围。如果变压器与线路入口端处的避雷器距离过大，或者在线路入口处的避雷器被断开时变压器上预期会出现很大过电压，需要在变压器侧再加装避雷器。对大型 GIS 变电站，可能需要在内部合适的地方安装避雷。如果不能使用敞开式避雷器对线路入口提供足够的保护，可以通过在 GIS 内部线路入口处安装 GIS 避雷器以更好地限制快波前过电压。

2）特快波前（陡波前）过电压防护。避雷器一般不可能保护在 GIS 内产生的具有高频率和低幅值的特快波前过电压。通过改进 GIS 变电站的布置以及改变变电站设备设计可减少这种风险。

（7）操作过电压防护。

1）变电站操作过电压的配合方法。操作过电压通常是由开合操作产生的。GB 311.2—2013《绝缘配合 第 2 部分：使用导则》给出了变电站过电压绝缘配合的方法。虽然变电站绝缘配合的方法与线路上的类似，但也存在较大差异：

① 变电站绝缘和线路绝缘必须配合。

② 并联绝缘子数量比架空线路少。

③ 电压分布 $E_s/E_r$=1.0（$E_s$ 为送端；$E_r$ 为受端）。

④ 变电站设备的不同介质绝缘强度。

⑤ 变电站中设备（变压器）的绝缘强度用雷电冲击耐受电压来描述，空气间隙（母线）绝缘强度用临界闪络电压来描述。

⑥ 变电站操作过电压闪络率的设计值可能低于线路设计值一个数量级。GB 311.1—2012《绝缘配合 第 1 部分：定义、原理和规则》给出了系统中每个电压等级的操作和雷电冲击耐受电压。

2）变电站设备操作。除了线路操作，很多其他类型的设备如电容器、电抗器和变压器都是在有负载或故障的情况下操作的。通常情况下，隔离开关只用来断开母线，也有可能断开空载变压器，负荷开关和断路器用来断开负载，而只有断路器才能安全地切断大多数故障。开关开合负载和故障电流时在开关两端（断口）可以产生严重的瞬态恢复电压。如果瞬态恢复电压相对于开关的介电恢复速率过快或过高，开关就会重击穿或重燃，单次或多次的重击穿瞬态过电压会导致开关故障和对未保护的设备造成损害。为了对设备的操作过电压进行有效的防护，避雷器必须安装于开关装置的设备侧。

#### 7.1.5　绝缘配合研究

1. 计算导则和建模技术

绝缘配合研究的复杂程度取决于分析的深度和采用的模型。对系统干扰和瞬态分析主要取决于所研究的电力系统的类型。

GB 311.4—2010《电网绝缘配合及其模拟的计算导则》给出了典型网络和设备关于雷电和操作过电压、暂时过电压,以及各种类型的分析。GB 311.2—2013《绝缘配合　第 2 部分:使用导则》中描述了绝缘配合的确定性方法和统计方法。

2. 研究步骤

图 7-5 给出了选择避雷器进行绝缘配合研究的典型程序。通常避雷器特性和位置取决于预期的设备保护裕度。避雷器参数的确定,通常需要考虑与雷电或操作保护水平以及避雷器能量吸收能力相关的最恶劣工况。

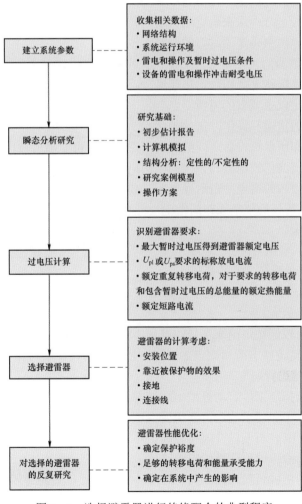

图 7-5　选择避雷器进行绝缘配合的典型程序

## 7.2 金属氧化物避雷器的选择

### 7.2.1 概述

在线路和变电站的绝缘配合中，避雷器是必要的保护装置。避雷器通常用来保护高压变电站和配电设备不受雷电和操作过电压的损害。为了确保避雷器的可靠性和系统的安全性，在过电压的范围内应对避雷器的保护水平、转移电荷能力及能量吸收能力进行评估，根据运行条件选择合适的避雷器。

### 7.2.2 避雷器选择的一般步骤

1. 概述

选择避雷器的标准流程如图 7-6 所示。

（1）根据最高系统运行电压来确定避雷器的持续运行电压。

（2）根据暂时过电压来确定避雷器的额定电压。

（3）估计通过避雷器的预期雷电冲击电流大小和概率，选择避雷器的标称放电电流、大电流冲击值、额定重复转移电荷和额定热能量。

（4）选择能够满足以上要求的避雷器。

（5）确定避雷器的雷电和操作冲击保护水平。

（6）确定避雷器和所保护设备之间的距离（避雷器尽可能靠近被保护的设备）。

（7）考虑典型的缓波前过电压和系统的结构，确定被保护设备的操作冲击耐受电压。

（8）确定被保护设备的雷电冲击耐受电压时要考虑：

1）根据连接到避雷器的架空线路的雷电性能和所保护设备的可接受故障率，确定侵入的有代表性的雷电过电压。

2）变电站的布置。

3）避雷器和所保护设备之间的距离。

（9）从 GB 311.1—2012《绝缘配合　第 1 部分：定义、原理和规则》中确定被保护设备的额定绝缘水平。

（10）如果要求用较低额定绝缘水平的设备，应对采用较低的额定电压、较高的标称放电电流、较高的额定重复转移电荷和额定热能量，以及不同设计的避雷器或减小的避雷器和所保护设备之间的距离等进行研究。

（11）电气参数选择结束，启动机械参数选择。

（12）考虑污秽水平和要求的避雷器耐受电压。

（13）选择爬电距离、长度以及闪络距离。

（14）根据预期的故障电流选择额定短路值。

（15）考虑不同的机械负载，例如风、终端连接、地震、短路等因素。

（16）考虑短时和长期负荷的组合情况下避雷器外套承受组合负荷的能力。

（17）必要时重新考虑选择。

（18）选择避雷器机械参数。

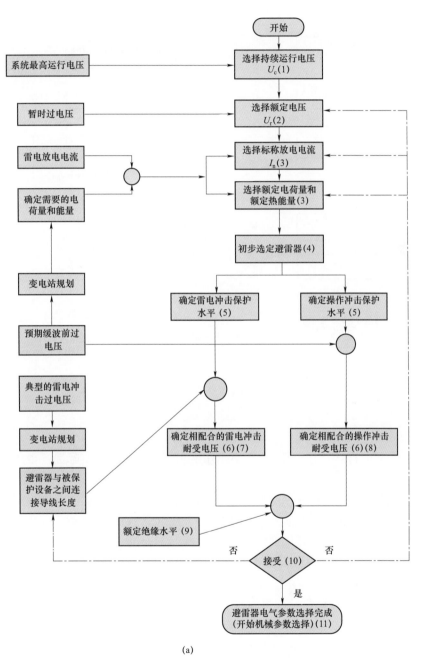

(a)

图 7-6　选择避雷器的标准流程图（一）

（a）电气参数的选择

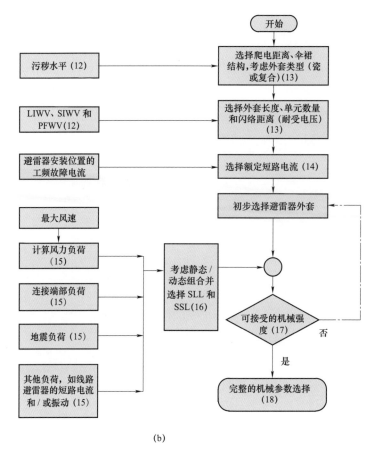

(b)

图 7-6　选择避雷器的标准流程图（二）
（b）机械参数的选择

2. 持续运行电压 $U_c$ 和额定电压 $U_r$

选取的避雷器的持续运行电压 $U_c$ 不小于作用在避雷器的最高实际运行电压，对于相对地避雷器 $U_c$ 为 $U_m/\sqrt{3}$。

影响 TOV 能力的因素有环境温度、吸收的能量和 TOV 后施加的电压，制造厂通常提供几个预注或不预注能量的 TOV 曲线（见图 7-7）。按耐受 TOV 的要求，应选择合适的避雷器额定电压。

对按额定电压系数给出的避雷器 TOV 能力，在所考虑的持续时间内，$T_rU_r$ 应不小于预期的暂时过电压。

3. 标称放电电流和额定热转移电荷或额定热能量

对于绝缘配合，标称放电电流是一个重要参数，因为避雷器的雷电冲击保护水平是在标称放电电流下避雷器的残压。标称放电电流用于避雷器的分类，标称放电电流并不足够表达避雷器的性能，还需要额定热转移电荷或和额定热能量。表 7-2 避雷器分类给出了标称放电电流、操作冲击电流、额定热转移电荷及额定热能量的对应关系。

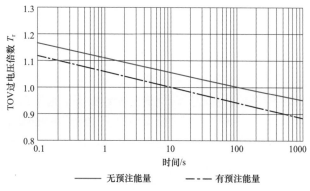

図例：
—— 无预注能量　　- - - 有预注能量

图 7-7　避雷器 TOV 能力示例

注：按额定电压系数给出的 $T_r = U/U_r$。

在高压变电站中使用典型的避雷器标识为 SL、SM 和 SH。在中压系统使用的避雷器标识为 DL、DM 和 DH。在中压系统中，对于特定应用场合，如保护电缆、旋转电机或电容器组用避雷器，可能需要较高的额定重复转移电荷值。

表 7-2　　　　　　　　　　　避 雷 器 分 类

| 避雷器分类 | 电站类 | | | | 配电类 | | | |
|---|---|---|---|---|---|---|---|---|
| 等级 | SH | SM | SL | | DH | DM | DL | |
| 标称放电流/kA | 20 | 10 | 10 | 5 | 10 | 5 | 2.5 | 1.5 |
| 操作冲击电流/kA | 2 | 1 | 0.5 | 0.5 | 0.5 | 0.25 | 0.1 | 0.1 |
| $Q_{rs}$/C | ≥2.4 | ≥1.6 | ≥1.0 | ≥0.8 | ≥0.4 | ≥0.2 | ≥0.1 | ≥0.1 |
| $W_{th}$/（kJ/kV） | ≥10 | ≥7 | ≥4 | ≥3.5 | — | — | — | — |
| $Q_{th}$/C | — | — | — | — | 1.1 | 0.7 | 0.45 | 0.2 |

注：字母 H、M、L 在等级栏中分别表示负载的高、中、低。

4. 雷电冲击放电期间避雷器的转移电荷和吸收能量

根据式（7-2）估算雷击对变电站避雷器产生的电荷

$$Q = \left\{ 2U_f - NU_{res}\left[1 + \ln\left(2 \times \frac{U_f}{N \times U_{res}}\right)\right]\right\}\frac{T_1}{Z} \qquad (7-2)$$

式中　$Q$——电荷量；

$U_{res}$——避雷器流过实际电流时的残压；

$U_f$——线路绝缘的负极性闪络电压；

$Z$——线路波阻抗；

$N$——连接到避雷器的线路数（$N=1$ 或 $N=2$）；

$T$——雷击闪络（包括第一次和重复雷击）电流的等效持续时间（典型值为 $3 \times 10^{-4}$s）。

避雷器吸收能量为避雷器的实际残压 $U_{res}$ 乘以电荷量。按照 GB/T 311.4—2010《绝缘

配合 第 4 部分：电网绝缘配合及其模拟的计算导则》中避雷器吸收雷击能量的计算分析可以给出更准确的数值。

5. 线路开合操作期间避雷器的转移电荷和吸收能量

避雷器在操作过电压下通过的转移电荷和吸收能量决定于操作过电压的幅值、波形、系统的阻抗和结构、避雷器的保护特性和短时间内的操作频率。通常产生的操作过电压波形很复杂，可通过计算机仿真来模拟研究。假设整条线路充电至预期的操作冲击电压，并在两倍线路的传播时间内，对预期保护水平的避雷器放电，可以计算出避雷器的转移电荷 $Q_s$ 和相应的吸收能量 $W_s$。

$$Q_s = \frac{U_{rp} - U_{res}}{Z} \times 2\frac{l}{c} \tag{7-3}$$

$$W_s = U_{res} Q_s \tag{7-4}$$

式中　$U_{rp}$ ——代表性的最大操作过电压；

$U_{res}$ ——避雷器流过实际电流时的残压；

$l$ ——线路长度；

$Q_s$ ——在一次线路操作期间转移的电荷；

$W_s$ ——在一次线路操作期间避雷器吸收的能量；

$Z$ ——线路波阻抗；

$c$ ——光速。

线路重合与线路放电之间的主要特征差别在于避雷器的电压和电流波形在每次放电中既不恒定也不相似，采用计算机仿真来得到实际线路运行期间通过避雷器的转移电荷和吸收能量。

6. 操作过电压防护

避雷器适用于限制线路合闸以及断路器开合感性、容性负载所引起的操作过电压，通常不限制因接地故障和故障清除引起的幅值较低的过电压。

对于避雷器限制操作过电压，可以忽略变电站中的距离影响。

避雷器通常安装在相—地之间，如果使用无间隙金属氧化物避雷器将操作过电压限制到很低的水平时，不论变压器中性点接地方式，相—相过电压将达到相—地避雷器保护水平的两倍。相—相过电压由两个相—地过电压分量组成，大多数情况下两者是相等的。如果需要更低的相—相保护水平，则需要增加相—相避雷器。

避雷器限制操作过电压的问题：

（1）金属氧化物电阻片耐受热应力的能力。

（2）金属氧化物电阻片从吸收能量导致其温升后避雷器的热稳定性能力。

这些问题只能通过充分识别可能的过电压源，采用具有适当热能量和重复转移电荷能力的避雷器来解决。

在电压较高的电力系统操作过电压更为关键，对于最高电压为 252kV 以上的电力系统，操作过电压是很重要的。对于最高电压为 252kV 及以下的电力系统，设备的标准绝缘水平对于操作过电压足够高，因此不必考虑限制操作过电压（旋转电机除外），但对无功补偿设备，需采用避雷器来限制操作过电压。

用避雷器限制设备上的操作过电压，代表性过电压等于操作冲击保护水平。除了输电线路外，可忽略行波的影响，设备上的电压就等于避雷器上的电压。当不安装相—相避雷器时，相—相过电压最高达到两倍。

用避雷器限制操作过电压时，过电压的统计分布会发生明显变化。采用避雷器的操作冲击保护水平和2%统计过电压的相关性来决定确定性配合系数，见式（7-5）~式（7-8）

$$\frac{U_{ps}}{U_{e2}} \leqslant 0.7; \quad K_{cd}=1.1 \tag{7-5}$$

$$0.7 < \frac{U_{ps}}{U_{e2}} \leqslant 1.2; \quad K_{cd}=1.24-0.2\frac{U_{ps}}{U_{e2}} \tag{7-6}$$

$$\frac{U_{ps}}{U_{e2}} \geqslant 1.2; \quad K_{cd}=1.0 \tag{7-7}$$

配合操作冲击耐受电压为

$$U_{cw} = K_{cd}U_{ps} \tag{7-8}$$

式中　$U_{ps}$ ——避雷器操作冲击保护水平；

$\quad U_{e2}$ ——2%预期操作过电压（相对地）幅值；

$\quad U_{cw}$ ——设备的操作冲击耐受电压；

$\quad K_{cd}$ ——确定性配合系数。

7. 雷电过电压防护

变电站规模的大小影响避雷器对雷电过电压的保护效果。避雷器不能同时保护相距较远的线路入口和变压器以及其他间隔（回路）的设备。因此，关键设备通常需要专门的避雷器进行保护，避雷器应尽可能安装在靠近被保护设备的地方，并在线路入口处加装避雷器去限制雷电侵入变电站的过电压。在配电系统需要考虑感应雷过电压。

避雷器对变电站内设备的保护范围可以采用 EMPT 等电磁暂态程序计算。

### 7.2.3 线路用避雷器

1. 概述

线路用避雷器有两种不同的设计：无间隙线路用避雷器（Non-Gapped Line Arrester，NGLA）和外串联间隙线路用避雷器（Externally Gapped Line Arrester，EGLA）。无间隙线路用避雷器应符合 GB/T 11032—2020 的要求，带间隙线路用避雷器（EGLA）应符合 GB/T 32520—2016《交流 1kV 以上架空输电和配电线路用带外串联间隙金属氧化物避雷器》、DL/T 815—2012《交流输电线路用复合外套金属氧化物避雷器》的要求。目前线路用避雷器主要是复合外套避雷器，它比瓷外套具有显著的优点。

2. 无间隙线路用避雷器（NGLA）

（1）概述。无间隙线路用避雷器适用于所有系统电压等级，并且可以限制雷电过电压和操作过电压。无间隙线路用避雷器和通常的避雷器的选择区别很小。不同的是在系统最高电压大于 40.5kV 的线路，避雷器也使用脱离器。

图 7-8 所示的流程图中明确了迭代优化过程，给出了选择 NGLA 的建议：

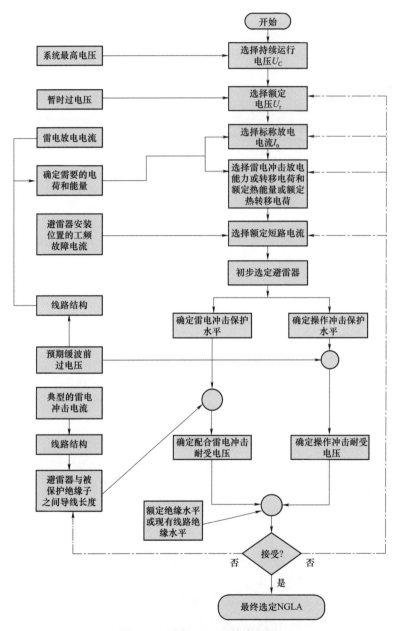

图 7-8　选择 NGLA 的流程图

1）考虑最高系统运行电压来确定避雷器的持续工作电压。

2）考虑暂时过电压以确定避雷器的额定电压。

3）估计预期流过避雷器的放电电流、电荷（或相关的避雷器的能量）及概率，在选择可接受的避雷器故障率前提下，确定避雷器的额定热转移电荷、额定热能量及大电流值。

4）考虑预期的故障短路电流，选择短路电流额定值。

5）选择一个符合上述要求的避雷器。

6）确定避雷器的雷电和操作冲击保护水平。

7）考虑避雷器在过负荷时，脱离器有足够的动作空间情况下，避雷器的安装应尽可能靠近被保护的绝缘子。

8）考虑有代表性的缓波前过电压和系统结构，确定被保护设备的配合操作冲击耐受电压。

9）考虑下列因素，确定被保护设备的配合雷电冲击耐受电压：

a. 由安装避雷器的线路雷电特性（地闪密度、雷击线路的方式、杆塔接地电阻等）和可接受的被保护设备闪络率，确定有代表性的雷电冲击电流。

b. 线路结构。

c. 避雷器和被保护绝缘子之间连接线的长度。

10）由 GB 311.1—2012《绝缘配合　第 1 部分：定义、原理和规则》确定设备的额定绝缘水平。

11）如果设备用较低的额定绝缘水平，则需要探讨使用一个较低的额定电压、较高的标称放电电流、较高的雷电冲击放电能力的避雷器，或缩短避雷器和被保护绝缘子的连线。

12）应考虑避雷器雷电冲击过负荷的风险，并且在计算线路的闪络和跳闸率中予以考虑。

（2）额定电压。线路用避雷器与变电站避雷器的选择相似，线路用避雷器的最低持续运行电压和额定电压的最初选择是以系统的工况为基础，其后考虑线路绝缘的雷电冲击耐受电压和操作冲击耐受电压再做选择。

线路用避雷器额定电压的选择应使其雷电和操作冲击的保护水平（残压）分别低于线路绝缘的雷电冲击耐受电压和操作冲击耐受电压。通常线路雷电冲击耐受电压和避雷器雷电冲击保护水平之间有足够的裕度，所以额定电压的选择不是很难，但不推荐采用使避雷器达到最低可能的额定电压，因为避雷器可能会承受不必要的高的工频过电压应力，从而增加风险。通常 NGLA 的额定电压会选择比变电站避雷器高一些，选择 NGLA 的额定转移电荷会比变电站避雷器低一些。这样选择也保证了避雷器不必承受应由电站避雷器承受的高操作过电压能量和电容器放电。

（3）NGLA 分类、电荷和能量要求。选择无间隙线路用避雷器要考虑它们的分类，对于额定电压高于 40.5kV 的线路用避雷器还要按照 GB/T 11032—2020《交流无间隙金属氧化物避雷器》的附录 E 考核雷电冲击放电能力，根据使用情况，对有屏蔽线路用的 NGLA，标称放电电流通常为 5kA 或 10kA；对无屏蔽线路防雷用的 NGLA，根据雷电活动水平（雷暴日/年，TD）以及预期跳闸率，标称放电电流通常为 10kA 或 20kA；对用以限制操作过电压的 NGLA，额定转移电荷可以与变电站避雷器相同，或在大多数情况下可以低一级，因为线路较长时，避雷器大约装在线路的中间，线路的长度减少了，也降低了 NGLA 转移电荷和吸收的能量。根据应用的线路情况采用计算机仿真来得到实际线路运行期间通过避雷器的转移电荷和吸收能量。

（4）故障清除和脱离器。NGLA 与线路绝缘子并联安装，由于架空线路的绝缘的自恢复性，避雷器过负载时能够将避雷器与线路脱离，线路可实现重合。由于变电站的绝缘一般是不能够自恢复的，即变电站不可以在无保护下重新合闸，变电站的避雷器通常不使用脱离器。

脱离器和无间隙线路用避雷器串联安装，也可作为指示器，易发现过负荷的 NGLA。

与配电用避雷器的脱离器相比，NGLA 用脱离器比配电用避雷器的脱离器要耐受更大的雷电流和更长持续时间的冲击电流。脱离器应通过 NGLA 的所有型式试验。最关键的是要证实脱离器仅在线路用避雷器过负载故障时才动作，且动作速度足够快，以实现线路重合闸。

脱离器的脱离时间与系统重合闸的动作时间应配合，尤其是对系统不直接接地且短路电流很小的情况。

通常脱离器的机械部分是其最薄弱环节，因此连接 NGLA 到导线或接地线要足够长，以保证在避雷器或导线摆动时，脱离器不会由于机械疲劳而折断。

在 NGLA 脱离器动作以后，更换有故障的避雷器要有一定时间，因此杆塔应有和安装避雷器前有同样的雷电冲击耐受电压和操作冲击耐受电压。

（5）NGLA 应用。NGLA 可防护雷电以及操作过电压。如果污秽不是线路绝缘的制约因素，在每个杆塔上安装 NGLA，可使输电线路设计更为紧凑，间隙小于传统架空线路。NGLA 也可以用在线路上实现原线路电压等级的升压。例如线路升压运行时，在中等地闪地区，只在顶相上安装线路用避雷器以代替屏蔽线，也可以安装在有架空地线的三相导线上，关键是其可以限制雷电过电压和操作过电压。

在靠近变电站的线路终端塔上，所有的相上都安装 NGLA，可以减少靠近变电站的线路入口处的反击，从而降低雷电侵入波的陡度和幅值，改善敞开式变电站中避雷器的保护性能。对 GIS 变电站，在变电站入口的线路终端杆塔三相安装无间隙线路用避雷器，可限制侵入 GIS 变电站过电压的幅值和陡度，从而增加 GIS 变电站内的最小保护距离，可代替变电站内使用的 GIS 避雷器。

3. 带外串联间隙线路用避雷器（EGLA）

（1）概述。与 NGLA 相比，EGLA 的避雷器本体（SVU）不持续承受系统电压。因此 EGLA 的额定电压的选取与 NGLA 不同。另一个重要特点是它的间隙特性要与被保护线路绝缘的雷电和操作耐受电压配合。

图 7-9 所示的流程图中明确了迭代优化过程，给出了选择 EGLA 的建议：

1）根据系统最高运行电压和间隙放电时的暂时过电压，确定带 EGLA 的额定电压。

2）估计通过 EGLA 的预期雷电放电电流幅值、电荷和概率，考虑可接受的带 EGLA 故障率情况下，选择标称放电电流、大电流冲击值和雷电冲击放电能力。

3）根据预期的故障电流，选择短路额定值。

4）选择一个满足以上要求的 EGLA。

5）根据系统最大操作过电压，确定 EGLA（在避雷器本体短路时）的绝缘耐受水平。

6）确定 EGLA 的雷电冲击保护特性包括标准雷电冲击放电电压、标称放电电流下的残压和大电流。

7）确定雷电冲击配合耐受电压。

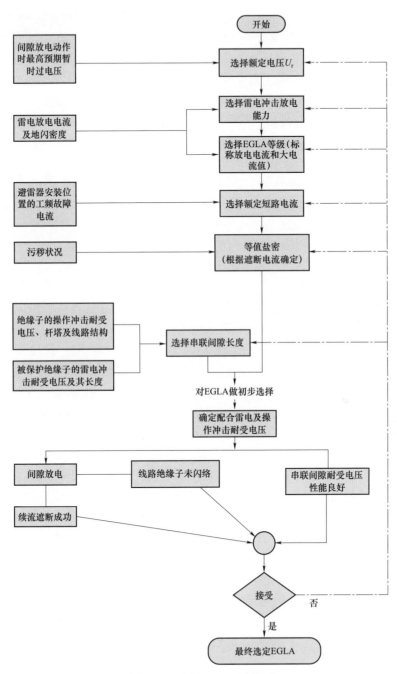

图 7-9　选择 EGLA 流程图

① 代表性的雷电冲击电流,取决于 EGLA 连接的架空线路的雷电性能(地闪密度,线路的落雷方式、杆塔接地电阻等)和受保护绝缘的可接受的闪络率。

② 线路的结构。

8)应该考虑在雷电放电下 EGLA 过载的风险,并计入线路闪络率和跳闸率的计算中。

9)EGLA 与绝缘子直接并联安装。按 GB/T 32520—2016《交流 1kV 以上架空输电和配电线路用带外串联间隙金属氧化物避雷器》给出 EGLA 残压时应考虑连接导线的影响。

(2)额定电压。线路最大对地工频电压决定了 EGLA 的额定电压,因此 SVU 可耐受该工频电压半个周期,间隙应在第一个工频半周期内熄弧。另外选择的 EGLA 的额定电压使得 EGLA 的保护特性,包括残压和外串联间隙的放电电压,要低于线路绝缘的雷电冲击耐受电压。选择的 EGLA 的额定电压可低于系统中使用的其他避雷器的额定电压。与 NGLA 相比较,EGLA 可以更紧凑、更轻便,同样也便于在拥挤的多回路输电线路杆塔上安装。

(3)EGLA 分类和电荷转移要求。选择 EGLA 应根据它们的分类和 GB/T 11032—2020《交流无间隙金属氧化物避雷器》的附录 E 中它们的雷电冲击放电能力。根据 GB/T 32520—2016《交流 1kV 以上架空输电和配电线路用带外串联间隙金属氧化物避雷器》表 1,EGLA 对分类 X1~X4(波形 8/20μs)的标称放电电流为 5kA、10kA 或 20kA。EGLA 分类的选择取决于应用条件,如 EGLA 的位置(双回线路中在所有杆塔的一回三相上、双回线路在有限杆塔两回的三相上等),线路结构(屏蔽线路、非屏蔽线路、导线和屏蔽线的位置、档距、塔高等),杆塔接地电阻,地闪密度,雷电流分布及雷电冲击波形等。需要进行仿真来获取 EGLA 的雷电流负载,即通过 EGLA 的最大雷电流和吸收能量或转移电荷。

(4)绝缘耐受。即使在避雷器本体故障短路时,EGLA 应具有耐受暂时过电压和操作过电压的能力。EGLA 的耐受电压应根据操作过电压数值和它们出现的频率确定,且不低于实际的线路绝缘水平(对于工频耐受电压,GB/T 32520—2016《交流 1kV 以上架空输电和配电线路用带外串联间隙金属氧化物避雷器》中规定的 1.2 倍额定电压)。避雷器本体故障并短路,EGLA 还应在湿状态下耐受上述电压。

避雷器本体应耐受外串联间隙放电后流过雷电流产生的残压。在 GB/T 32520—2016《交流 1kV 以上架空输电和配电线路用带外串联间隙金属氧化物避雷器》中规定,避雷器本体的外套应耐受在标称放电电流下 1.4 倍残压的雷电冲击电压。

从外串联间隙绝缘耐受,以及外串联间隙和避雷器本体串联后的放电电压与绝缘子耐受电压之间的配合方面考虑,选择间隙距离。

(5)间隙的绝缘配合。与绝缘子并联安装的 EGLA 仅用以限制雷电过电压。即使在污秽和湿的条件下,通常 EGLA 在系统中操作过电压和工频过电压都不应发生放电。如果避雷器本体过载发生短路,在重合闸或系统的操作和暂时过电压下,通常间隙不应发生放电。要使 EGLA 保护性能与线路绝缘的雷电冲击耐受电压相配合,采用下面的判据

$$U_{50EGLA} + X\sigma < U_{50L1} - X\sigma \qquad (7-9)$$

式中  $U_{50L1}$ ——线路绝缘在标准雷电冲击下的 50% 闪络电压;

$U_{50EGLA}$ ——EGLA 在标准雷电冲击电压下的 50% 放电电压;

$\sigma$ ——标准偏差，且对雷电冲击电压设定为 50%放电电压的 3%；

$X$ ——建议值为 2.5。

式（7−9）中的 $X$ 值越高，绝缘子的闪络概率越低。计算的绝缘子闪络概率见表 7−3，表中的 $X$ 值为 2.5，绝缘闪络概率足够低。

（6）EGLA 的应用。EGLA 仅用来防护雷电过电压。如果避雷器过载，很难观测到损坏的避雷器本体，因此可使用故障指示器，清晰指示出故障的 EGLA。发生 EGLA 故障的杆塔要比未发生 EGLA 故障的杆塔的雷电冲击耐受电压要低。因此要尽快更换。

表 7−3　　　　　　　　　　　　　　计 算 的 闪 络 概 率

| $X$ 值 | 概率 |
| --- | --- |
| 2 | 0.002 4 |
| 2.5 | 0.000 21 |
| 3 | 0.000 012 |

### 7.2.4　电缆保护用避雷器

1. 与架空线路连接电缆过电压防护

架空线路和电缆的波阻抗与行波速度不同。架空单导线的波阻抗值范围为 300～450Ω，而电缆的波阻抗范围为 20～60Ω。行波进入电缆时过电压幅值明显降低，电压波通过电缆，在其末端反射电压会升高，电压波返回到电缆首端再次进行反射，理论上最大可达两倍。最大的过电压峰值取决于电缆长度，因此只有几十米的电缆最大过电压可达到接近理论值，并且随着长度增加，最大过电压随之降低。

电缆端的行波反射可能会导致电缆绝缘的损坏，因此通过在电缆端部加装避雷器来降低过电压，避雷器直接连接在电缆终端，连接线应尽可能短，避雷器的接地连接应直接与电缆屏蔽相连。

对电缆过电压的防护，可以在接近电缆处采用沿着 3～4 个档距加装屏蔽线和电缆终端处采用低的杆塔接地阻抗来改善防护水平。

架空线路之间有较长的电缆，需要在电缆的两端安装避雷器。在某些情况下，对于短的电缆段，一侧的避雷器能够对另一侧提供足够的保护，因此可以在一侧安装避雷器。

因为电缆能够储存能量相对较高，建议选择电缆保护用避雷器的额定转移电荷值要比变电站用避雷器的额定转移电荷值高。

2. 电缆护套防护

由于电缆护套上的功率损耗会导致发热的原因，高电压系统中的电力电缆的护套仅有一端接地，电缆护套非接地端需采用过电压保护。

如果电缆屏蔽护套两端接地，可以避免电缆屏蔽护套绝缘的任何电压应力。电缆护套两端接地的缺点是功率损耗会增加。对于中压系统用的电缆，在电缆屏蔽护套上的附加损耗为相应电缆总损耗的 2%～10%。然而，如果电缆屏蔽护套只有一端接地，在电缆屏蔽护套没有接地的一端安装避雷器，在电缆屏蔽护套上不产生附加的功率损耗。

影响电缆护套的电压和电流的因素如下：

（1）短路电流的持续时间。

（2）负载电流。

（3）电缆布置（三角形或平行排列，电缆间距）。

由负载电流引起的电缆护套的感应电压可以忽略，而短路电流引起的感应电压用来计算电缆护套保护用避雷器的持续运行电压。

电缆护套保护用避雷器的持续运行电压可以通过式（7-10）近似计算

$$U_c \geqslant \frac{U_i I_k L_k}{T_c} \qquad (7-10)$$

式中　$U_c$——避雷器的持续运行电压，kV；

　　　$I_k$——电缆的最大短路电流（单相），kA；

　　　$L_k$——未接地的电缆护套长度，km；

　　　$U_i$——电缆护套单位长度的感应电压，kV/（kA·km）；

　　　$T_c$——避雷器 TOV 耐受能力（$T_c = U_{TOV}/U_c$）。

电缆护套保护用避雷器的额定转移电荷值应根据实际工况来确定，保护水平要尽可能低。

### 7.2.5　配电用避雷器

1. 概述

配电系统的架空线路很少有防雷屏蔽线，因此经常遭受直击雷，避雷器承受由雷电引起的瞬态过电压。在配电系统操作过电压要比雷电过电压少，因此在配电系统不考虑操作过电压。

配电用避雷器选择程序如图 7-6 所示。

2. 能量吸收能力

配电用避雷器最主要的电应力与雷电放电有关。在转移电荷期间避雷器产生的热量是避雷器残压和放电电流的函数。对于雷电放电，电流不受避雷器残压的影响，因此残压越高避雷器吸收能量就越大。

对配电用避雷器采用 4/10 冲击电流 65 kA 或 100 kA 来进行内部绝缘的验证。在动作负载试验的热稳定性验证中的冲击电流采用 8/20 波形的冲击电流。

3. 暂时过电压

配电系统的暂时过电压（TOV）取决于系统中性点的接地方式，并且这会影响到避雷器 $U_c$ 的选择。图 7-10 给出了不同接地方式的接地故障因数。

在图 7-10 中，用接地因数来确定系统中健全相上的暂时过电压升高，电压升高等于相对地电压乘以接地故障因数。通常按照制造厂的 TOV 数据来选取 $U_c$ 和 $U_r$。

4. 故障模式

配电用避雷器应按 GB/T 11032—2020《交流无间隙金属氧化物避雷器》给出的短路试验程序和制造厂给出的故障电流值进行试验验证。

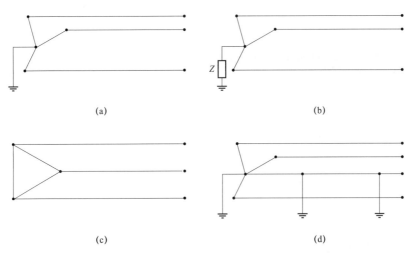

图 7-10　不同接地方式的接地故障因数

（a）三相星形中性点接地系统（仅在电源接地），接地故障因数 1.4；（b）三相星形中性点经电阻接地系统，接地故障
因数 1.73；（c）三相三角系统，接地故障因数 1.73；（d）三相四线制多点接地系统，接地故障因数 1.25

## 7.2.6　特高压（UHV）避雷器

1. 概述

本章规定的避雷器选择程序同样适用于 UHV 避雷器。

UHV 避雷器的特征为：

（1）转移电荷和能量要求非常高。

（2）操作冲击保护水平决定了避雷器外绝缘的干弧间距。

（3）采用多柱电阻片柱并联避雷器来满足要求的保护水平、转移电荷和能量耐受能力。

2. 绝缘配合

整个输电线路和变电站的绝缘配合是实现一个可靠和经济的 UHV 系统的关键因素。基于避雷器获得优化的绝缘配合，已在 UHV 工程中得到验证。

特高压避雷器优异的保护水平是 UHV 系统绝缘水平的决定性因素。雷电过电压决定设备的非自恢复内绝缘，如 GIS 和变压器，重要的是通过适当的布置避雷器，将雷电冲击耐受电压限制在合理范围内。UHV 避雷器的标称放电电流典型值为 20kA。通常采用多柱电阻片柱并联避雷器得到合适的避雷器雷电冲击保护水平和能量耐受能力。

为了降低输电线路杆塔的高度和变电站中敞开式电器设备的尺寸，限制操作过电压是解决空气间隙绝缘的先决条件。一般考虑经济性，要求电气设备的操作冲击耐受电压在 1.6（p.u.）～1.7（p.u.）。

限制操作过电压的解决方案：

（1）在输电线路入口端安装操作冲击保护水平较低的多柱电阻片柱并联避雷器。

（2）在输电线路上安装无间隙线路用避雷器。

（3）多柱电阻片柱并联的 GIS 避雷器在 $SF_6$ 中可能有高的电应力，因此 GIS 避雷器要有高的荷电率（$U_c/U_r$）。

（4）断路器选相操作。

（5）断路器使用分闸电阻或合、分闸电阻。

（6）单相重合闸。

（7）上述措施的组合。

上述解决方案有助于优化经济设计、缩小特高压设备和输电线路的尺寸。

3. 机械设计

由于 UHV 避雷器的尺寸，特别是敞开式变电站的避雷器，对其机械强度要求较高。UHV 系统还有的处于地震活动地区和污秽地区。硅橡胶的复合外套结构具有优势，因为可以降低避雷器的高度和缩短复合外套的爬电距离，并且降低质量。悬挂安装或者座式安装的复合外套避雷器具有好的抗震性能。

### 7.2.7 变压器中性点用避雷器

1. 概述

由于多相或单相雷电过电压波的入侵、电力系统操作和不对称故障产生的过电压，变压器的中性点绝缘会承受过电压。每一个不接地的变压器的中性点都需用安装保护装置限制雷电过电压和操作过电压。

此外，在谐振接地中性点系统中，当两相接地故障开断和变压器线路侧具有小的对地杂散电容时，变压器中性点和绕组上可能出现高幅值操作过电压。

中性点用避雷器的转移电荷能力和能量耐受能力应不小于相—地避雷器的要求。在扩大的谐振接地系统中，中性点用避雷器可能承受高的转移电荷和能量，有可能高于相—地避雷器。建议对该工况需进行系统研究。

对于中性点用避雷器，由于电压上升率较小，不会出现高幅值电流，在标称放电电流为 1.5kA 下的残压用来确定避雷器的保护水平。

2. 全绝缘变压器中性点过电压防护

全绝缘变压器中性点可以采用不高于相—地避雷器保护水平来保护。由于中性点对地的工频电压较低，中性点用避雷器的额定电压可以选用较低的值，其额定电压不小于相地避雷器额定电压的 60%。

可选用以下两种避雷器：

（1）与典型的相—地避雷器设计相同，其额定电压降低。

（2）降低保护水平的特殊避雷器。

在特殊环境条件下或间断性接地故障期间，可能发生引起避雷器动作的长持续时间的操作过电压，从而导致相—地避雷器损坏。在这种情况下，让中性点用避雷器与相—地避雷器配合，使得中性点用避雷器在相—地避雷器动作前动作。较高额定电压的中性点用避雷器可以承受暂时过电压并防止相—地避雷器损坏。中性点用避雷器的操作冲击保护水平约是相—地避雷器操作冲击保护水平的 45%。

3. 分级绝缘的变压器中性点过电压防护

具有分级绝缘的变压器中性点通常用在中性点直接接地系统中。如果变压器中性点未直接接地以限制系统中的短路电流，则应根据系统条件和中性点耐受电压，采用与选择相—地避雷器相同的方法选择变压器中性点用避雷器。

### 7.2.8　电机用避雷器

电机用避雷器用于保护发电机和电动机免受过电压的损害。

对电机直接或通过短电缆、并联电容（0.25～0.5μF）连接到架空线，在相—地之间应安装避雷器，避雷器应尽可能靠近电机，从而将过电压波前时间延长至 10μs 或更长，并限制过电压。另外，在电机前的架空线上或架空线与电缆连接点也应安装避雷器。

对电机通过长电缆或并联电容（0.25～0.5μF）连接到架空线，电机也可以不装设避雷器。如果断路器安装在变压器和电机之间时，应在变压器端（电机侧）安装电容器。

通过增设相间避雷器，对连接到 Y/△变压器的电机能起到更好的保护作用。

汽轮发电机具有低的波阻抗，避免单相封闭母线相间短路是很重要的，因此相间不应安装避雷器。通过变压器高压侧避雷器可以得到足够的保护。

### 7.2.9　并联电容器组用避雷器

并联电容器组用避雷器具有以下作用：

（1）防止断路器重击穿时对电容器的危害。

（2）降低断路器重击穿的风险。

（3）通过限制高幅值的过电压来延长电容器的使用寿命。

（4）防止可能导致电容器故障的谐振。

（5）限制与电容器组开关相关的瞬态过电压，该过电压会在系统中传播得较远并影响相关的设备。

（6）通过限制高幅值过电压来升级电容或者提高其运行电压。

（7）对连接到线路上的电容器起雷电防护作用。

（8）保护全绝缘或弱绝缘的串联电抗器。

晶闸管控制的电容器通常配备避雷器。对于该类型的电容器，需进行详细研究。

转移电荷和吸收能量是保护电容器组用避雷器的重要参数，避雷器的吸收能量取决于电容器的设计（接地方式）、避雷器的安装方式（相—地或相—中性点）及断路器的性能（重击穿或不重击穿）。

估算避雷器能量 $W$ 的公式为

$$W = \frac{1}{2} C \left[ (3U_0)^2 - (\sqrt{2}U_r)^2 \right] \tag{7-11}$$

式中　$C$——电容器组中单相电容值；

　　　$U_0$——相对地运行电压（峰值）；

　　　$U_r$——避雷器的额定电压（有效值）。

避雷器承受最大应力的工况是容性负载三相顺序断开，然后两相多次重击穿。

应考虑三次重击穿可能在没有充分冷却的情况下发生，导致通过避雷器的转移电荷和吸收能量增加。在选择相应额定值时应予以注意。

如果滤波器的基频高于 50/60 Hz 时，对避雷器的应用应给予重视，因为避雷器的功率损耗随频率的增加而增加。因此对更高的频率，需降低避雷器的荷电率。

此外，若使用串联电抗器，电容器组的运行电压可能比系统其他地点运行电压高 5%～10%，可通过接入并联电容器组限制电流，或利用电容器形成滤波器，在选择避雷器的持续运行电压时予以考虑。

对于保护串联电抗器或滤波器的避雷器，应注意单相对地故障。如果电抗器为弱绝缘，避雷器的额定电压较低。当单相接地时，电容器通过电抗器和避雷器的并联回路放电能量会很大。可通过下式估算

$$W = \frac{1}{2}C(U_{sw})^2 \tag{7-12}$$

式中　$C$ ——电容器组中单相电容值；

　　　$U_{sw}$ ——电容器组相地操作过电压保护水平。

### 7.2.10　串联补偿电容器组用避雷器

串联补偿电容器串联在线路中，电容器的电压与线路电流成正比。当输电系统出现故障时，较高的故障电流可能导致电容器承担电压远超电容器耐受水平。可采用避雷器与电容器并联来限制过电压，防止损害电容器。避雷器在每个周波的部分时间通过故障电流，要求避雷器有高的吸收能量能力。通常需要多只避雷器并联，以将每只避雷器通过的故障电流限制在可耐受的范围内（通常每只避雷器通过的电流不超过几百安培）。在某些工况下，可能需要几十只避雷器并联。

可以仅采用避雷器或避雷器与并联间隙的组合进行保护。当能量注入引起短时能量过载或温升过高时，则触发间隙使得故障电流从间隙旁路分流。对于某些故障，间隙也可用于快速旁路避雷器。在某些情况下，采用旁路断路器对避雷器进行过载保护。在某些应用中，间隙已被快速保护装置（FPD）取代，该装置是间隙和快速开关的组合。

由于金属氧化物电阻片的优异非线性特性，需要匹配并联避雷器的电压—电流特性。通常在串联补偿控制系统中包含有并联避雷器组电流分布的测控单元，若电流分配不平衡度超过预设值则报警，提示避雷器可能由于超过设计裕度的电流而产生劣化。

### 7.2.11　高压直流换流站用避雷器

1. 避雷器参数的选择原则

避雷器参数的选择一般遵循下列原则：

（1）避雷器的持续运行电压应不小于 $U_c$ 和 $U_{ch}$，并考虑严酷工况下的直流运行电压叠加谐波和高频暂态，避免因避雷器持续吸收能量，加速老化，降低可靠性。

（2）交流避雷器的额定电压 $U_r$ 和直流避雷器的参考电压 $U_{ref}$ 的选择需综合考虑荷电率、

CCOV、PCOV、暂时过电压、雷电冲击和操作冲击保护水平以及避雷器的能量等因素优化选择。

2. 直流侧避雷器的参考电压的选择

工程中直流侧避雷器的直流参考电压 $U_{ref}$ 定义为单柱电阻片直流 1mA 下的电压，是决定避雷器电阻片材料特性、几何尺寸和串并联片数的主要参数。具体选择直流参考电压对应的直流参考电流可与电阻片单位面积电流密度相关，IEC 60099—9：2014《高压直流换流站无间隙金属氧化物避雷器》规定直流参考电流的典型值范围为单柱电阻片 $0.01\sim0.5mA/cm^2$，并要求制造厂给出直流参考电流下的最小 $U_{ref}$，用于例行试验、验收试验和型式试验。直流避雷器的荷电率是表征避雷器的电压负荷程度的一个参数，定义为 CCOV（峰值持续运行电压）或 PCOV（最大峰值持续运行电压）的电压峰值与直流参考电压 $U_{ref}$ 的比值。荷电率高，电阻片数量少，残压降低，保护水平低，但漏电流增大，有功损耗增加，易老化，缩短了避雷器的使用寿命。反之，荷电率低，残压高，保护水平高，损耗小，寿命长。在确定了各类型避雷器的 $U_{ref}$ 后，可确定其相应的保护水平。荷电率的大小取决于氧化锌电阻片的性能。诸如伏安特性曲线的非线性系数、在直流电压上叠加方波或高次谐波电压下的有功损耗大小、长期工作的老化特性、过电压下允许的泄放能量、安装位置（户内或户外）的温度和污秽的影响以及散热特性。目前有些工程的直流阀厅内选用无外套形式，有利于避雷器散热，有利于提高阀厅内直流避雷器的荷电率。

工程中直流中点母线、高压换流器、低压换流器、换流器直流母线、高压桥中点和低压桥中点避雷器的 $U_{ref}$ 一般按 CCOV 的荷电率典型值 0.82 和 PCOV 的荷电率典型值 0.9 计算出的 $U_{ref}$ 取高者。也有直流工程按 CCOV 的荷电率为 0.9 左右选择 $U_{ref}$，运行经验表明选高的荷电率也是可行的。

考虑到按 $U_{diomax}$ 计算出阀厅内各类型直流避雷器的 CCOV 相当保守，可以用数字模拟计算确定可能的稳定运行条件下的 CCOV，按 CCOV 的荷电率选择 $U_{ref}$。应注意 CCOV 的大小与整流站和逆变站的控制策略、控制参数和误差等多种因素相关，逆变站 CCOV 还与最小输送功率和功率反转相关，应考虑较严酷的工况计算两站的 CCOV。

当直流线路较短或虽然较长但采用大截面导线时，直流线路压降小，逆变站换流器的 $U_{diomax}$ 与整流站相差较小，因而各类型避雷器的 CCOV 和 PCOV 比整流站低得不多，整流站和逆变站直流侧避雷器 $U_{ref}$ 可选择一样，以简化设备和备件的种类，降低制造和试验的复杂性。当直流线路较长时，直流线路压降大，逆变站可按逆变站各类型避雷器的 CCOV 和 PCOV 选择避雷器 $U_{ref}$，从而降低逆变站的避雷器保护水平及设备的绝缘水平。

3. 直流避雷器的配合电流

避雷器残压为避雷器流过冲击放电电流时在避雷器两端出现的残压峰值。规定的避雷器保护水平对应的电流称为配合电流。

配合电流值由系统过电压研究确定。研究需考虑各类型避雷器吸收的能量、避雷器需并联电阻片柱数和避雷器放电电流峰值。配合电流对应的残压确定了受该避雷器直接（紧靠的）保护设备上的代表性过电压。该研究过程是在避雷器布置和参数选择与受其直接保护设备的要求耐受电压之间反复计算调整，寻找最优平衡点。最终结果是优选出配合电流。

对应配合电流的操作、雷电和陡波冲击电流的标准波形的定义见 GB/T 11032—2020《交流无间隙金属氧化物避雷器》，可用于避雷器的试验和确定保护水平。

对于可能遭受直击雷的高压直流换流站设备，确定避雷器雷电冲击配合电流应考虑交、直流场避雷线和避雷针以及针线联合的屏蔽设计（尤其对户外的阀）。确定屏蔽失效时的最大绕击电流。

4. 直流侧避雷器能量参数

直流侧避雷器的能量与换流站故障类型及持续时间、控制和保护的响应速度及延迟时间密切相关。不同的过电压事件下避雷器放电电流的持续时间会有所变化。在规定避雷器的能量时，应考虑放电电流的幅值及其持续时间，包括因相关故障、操作或保护动作顺序而导致避雷器重复动作。连续几个基波周期的重复冲击放电电流可视为单次放电，该单次放电的能量和持续时间等于实际重复放电电流和时间的累积。从热稳定观点看，重复的冲击电流应该按照较长的电流持续时间来考虑，当确定等效能量时，还应考虑持续时间小于 $200\mu s$ 的电流脉冲会降低避雷器能量耐受能力。

可选择特性相匹配的金属氧化物避雷器并联，满足避雷器单次允许能量要求和降低避雷器残压。并联方式可采用一个避雷器瓷套内部多柱电阻片并联或外部多只避雷器并联。应考虑多柱式避雷器或多只避雷器并联之间放电电流分配的不均匀性，尤其是动态均流特性。

提高避雷器的参考电压（$U_{ref}$）可以降低避雷器的比能量（kJ/kV）要求。

在规定避雷器吸收能量时，应对系统研究计算出的能量值考虑一个合理的安全因数。这个安全因数的取值范围为 0%~20%，该因数取决于计算输入数据的容差、所用模型及高于已研究的决定避雷器能量事件出现的概率。

5. 平波电抗器布置对 $U_{ref}$ 的影响

在中性母线和极线装平波电抗器，两者电抗值相等，为换流站所需总平波电抗值的一半，该方式为平波电抗器分置在极线和中性母线方式。换流站单极或双极运行时，中性母线和极母线平波电抗器的谐波电压降大小相等，方向相反，理论上使得串联的两 12 脉动换流单元中间母线的电压几乎为纯直流电压。因而高端 12 脉动换流单元各节点对地 CCOV 和 PCOV 可按常规的 12 脉动换流单元各节点对地 PCOV 的公式计算，然后加上中点母线的纯直流电压。否则需加上中点母线的 CCOV（为直流电压叠加谐波电压）。这样可降低高端 12 脉动换流单元各节点的 PCOV，也降低了安装于这些节点避雷器的 $U_{ref}$，从而降低了避雷器保护水平以及被保护设备的绝缘水平，有较大经济效益，但各节点降低的幅值不等。

中性母线装平波电抗器的缺点是：

（1）平波电抗器阀侧中性母线避雷器的能量要求需大于公共中性母线避雷器。

（2）为减小平波电抗器阀侧中性母线避雷器的能量要求，可提高平波电抗器阀侧中性母线避雷器的 $U_{ref}$。因而需选择阀底部设备的绝缘水平高于中性母线的绝缘水平，也会提高底部 YD 换流变压器阀侧绝缘水平。

（3）增加了平波电抗器阀侧中性母线等设备的投资。

实际上平抗分置后的中点母线的直流电压并非纯直流，会含有基波、6 次和 24 次谐波和频率较低的过冲。谐波和过冲大小取决于高低端 12 脉动换流单元参数的对称度，它包括高低端换流变压器漏抗、点火角、阻尼参数、换流变压器阀侧对地电容和平波电抗的电抗值等参数的对称度，其中换流变压器阀侧对地电容起主要作用。考虑到避雷器的 CCOV 和 PCOV 是按 $U_{di0m}$ 设计，即为理想空载直流电压最大值，并考虑了直流分压器、交流电容式电压互感器、换流变压器漏抗、$\alpha$ 等正误差，已十分保守，因此将中点母线电压看作纯直流选择高端 12 脉动换流单元避雷器的 PCOV 是安全的，留有足够的裕度。

　　应重视高低端 12 脉动换流单元参数不对称的情况，尤其是 ±800kV 和 ±1100kV 工程逆变站采用分层接入交流系统方案。该方案高端换流变压器网侧接入 500kV 交流系统，低端换流变压器网侧接入 1000kV 交流系统，因为高低端换流变压器的结构不同，所以短路阻抗、阀侧对地电容和分节开关的档距等不同，再加上 500kV 和 1000 kV 系统的电压相位也不同，使得高低端换流变压器产生的谐波相互抵消的效果很差，中点母线的 CCOV 相比常规方案有大幅度的提高。由于整流站和逆变站流过同一直流电流，逆变站分层接入产生的谐波电流也会通过直流线路使得整流站中点母线的 CCOV 提高，但提高幅度小于逆变站。因此，在计算两站换流变压器阀侧、高压桥中点和换流器直流母线避雷器的 $U_{ref}$ 时，应考虑中点母线 CCOV 的变化，这样提高了高端换流器的绝缘水平。

# 第8章 金属氧化物避雷器的安装、在线监测、维护及故障处理

## 8.1 金属氧化物避雷器的安装与交接试验

### 8.1.1 避雷器的安装

安装时，首先应仔细阅读安装使用说明书，严格按照说明书进行安装。

避雷器应固定在混凝土基础钢架上，架上预先按安装孔距开出光孔。安装避雷器的地脚螺栓要求垂直，混凝土基础钢架要求水平。每节避雷器元件的上法兰铆有一块标牌，标有元件的节数，用于区分元件的安装顺序。注意各元件必须按说明书附图顺序安装，不得混装。

先将绝缘底座用相应的热镀锌螺栓装在基础钢架上，然后按顺序安装避雷器元件，接线盖板要确保装正，以保证接线端子板与线夹的连接可靠，避免出现扭矩。

均压环的安装需根据现场的安装设备确定。可在最上节元件安装完毕后再用吊车吊装，也可与最上节安装好后连同元件一起起吊安装。

避雷器不得倒置、倾斜或瓷套伞裙朝下安装。避雷器中心线相对铅直线的倾斜度不得大于避雷器总高的 1.5%，必要时可在法兰面间垫金属片予以校正。

避雷器监测器安装在基础钢架上，其高压端连接于绝缘底座垫板上，接地必须可靠。

避雷器的安装结构需满足国家电网有限公司的安装标准化要求，如下所示：

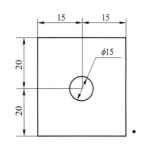

图 8-1 35kV 避雷器一次接线
端子尺寸图（单位：mm）

1. 10～35kV 交流无间隙金属氧化物避雷器安装要求

避雷器采用高位布置，安装在支架上，用螺栓与支架固定。35kV 避雷器一次端子采用板式安装。板宽不小于 30mm，板高不小于 40mm，通孔直径为 15mm。10kV 和 20kV 避雷器一次端子安装方式由供需双方协商确定。

避雷器应装设满足接地热稳定电流要求的接地极板或接地端子，并配有连接接地线用的接地螺栓，螺栓的直径不小于 8mm。

35kV 避雷器一次接线端子具体尺寸要求如图 8-1 所示。

2. 66kV 交流无间隙金属氧化物避雷器安装要求

避雷器采用高位布置，安装在支架上，用螺栓与支架固定。66kV 避雷器安装底座螺孔中心距离及螺孔大小采用 270mm×270mm，4×$\phi$18mm。一次接线端子具体尺寸要求如图 8-2 所示。安装示意图如图 8-3 所示。

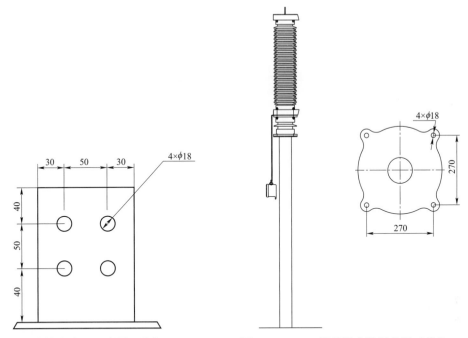

图 8-2　一次接线端子尺寸图（单位：mm）　　图 8-3　66kV 避雷器安装示意图（单位：mm）

避雷器应装设满足接地热稳定电流要求的接地极板或接地端子，并配有连接接地线用的接地螺栓，螺栓的直径不小于 8mm。

66kV 避雷器支架一般采用双柱支架安装，支架形式采用钢支架。双柱间距为 2000mm，支架高度不低于 2700mm。

66kV 中性点避雷器支架采用镀锌钢管杆或钢筋混凝土环形等径杆，顶封板螺孔中心距离及螺孔大小同电气一次安装要求，安装尺寸为 270mm×270mm 和 4×φ18mm。

3. 110kV 交流无间隙金属氧化物避雷器安装要求

避雷器采用高位布置，安装在支架上，用螺栓与支架固定。110kV 避雷器安装底座螺孔中心距离及螺孔大小采用 270mm×270mm，4×φ18mm。一次接线端子具体尺寸要求如图 8-4 所示。安装示意图如图 8-5 所示。

避雷器应装设满足接地热稳定电流要求的接地极板或接地端子，并配有连接接地线用的接地螺栓，螺栓的直径不小于 8mm。

110kV 避雷器支架一般采用镀锌钢管杆或钢筋混凝土环形等径杆，顶封板螺孔中心距离及螺孔大小同电气一次安装要求，安装尺寸为 270mm×270mm 和 4×φ18mm。

4. 220kV 交流无间隙金属氧化物避雷器安装要求

避雷器采用高位布置，安装在支架上，用螺栓与支架固定。220kV 避雷器安装底座螺孔中心距离及螺孔大小采用 270mm×270mm，4×φ18mm。一次接线端子具体尺寸要求如图 8-6 所示。安装示意图如图 8-7 所示。

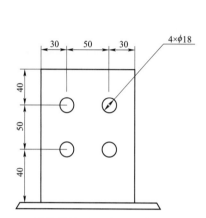

图 8-4　一次接线端子尺寸图（单位：mm）

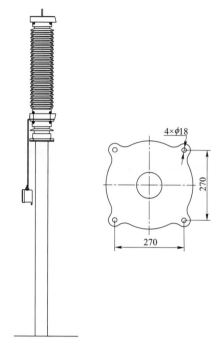

图 8-5　110kV 避雷器安装示意图（单位：mm）

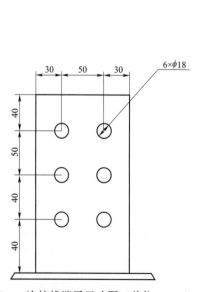

图 8-6　一次接线端子尺寸图（单位：mm）

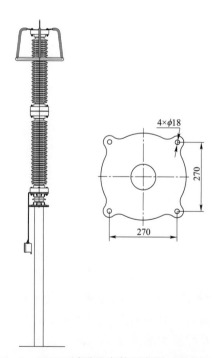

图 8-7　220kV 避雷器安装示意图（单位：mm）

避雷器应装设满足接地热稳定电流要求的接地极板或接地端子，并配有连接接地线用的接地螺栓，螺栓的直径不小于 8mm。

220kV 避雷器支架一般采用镀锌钢管杆或钢筋混凝土环形等径杆，顶封板螺孔中心距离及螺孔大小同电气一次安装要求，安装尺寸为 270mm×270mm 和 4×$\phi$18mm。

5. 750kV 变电站 220kV 交流无间隙金属氧化物避雷器安装要求

避雷器采用高位布置，安装在支架上，用螺栓与支架固定。220kV 避雷器安装底座螺孔中心距离及螺孔大小采用 270mm×270mm，4×$\phi$18mm。一次接线端子具体尺寸要求如图 8-8 所示。安装示意图如图 8-9 所示。

避雷器应装设满足接地热稳定电流要求的接地极板或接地端子，并配有连接接地线用的接地螺栓，螺栓的直径不小于 8mm。

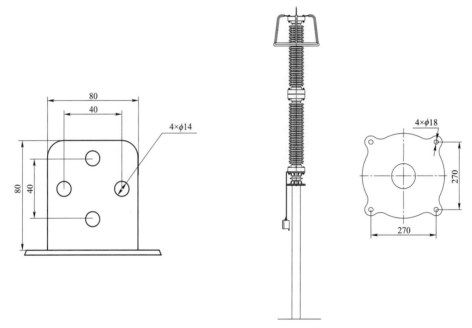

图 8-8  一次接线端子尺寸图（单位：mm）　　图 8-9  220kV 避雷器安装示意图（单位：mm）

220kV 避雷器支架一般采用镀锌钢管杆或钢筋混凝土环形等径杆，顶封板螺孔中心距离及螺孔大小同电气一次安装要求，安装尺寸为 270mm×270mm 和 4×$\phi$18mm，每个支架应有两个接地点，接地点高度与其他设备支架一致，支架管径大小应根据具体工程的规范要求计算确定。

6. 330kV 交流无间隙金属氧化物避雷器安装要求

避雷器采用高位布置，安装在支架上，用螺栓与支架固定。330kV 避雷器安装底座螺孔中心距离及螺孔大小采用 350mm×350mm，4×$\phi$24mm。一次接线端子具体尺寸要求如图 8-10 所示。安装示意图如图 8-11 所示。

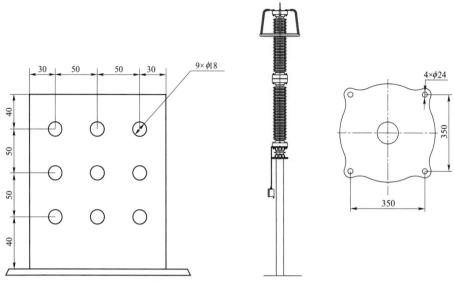

图 8—10 一次接线端子尺寸图（单位：mm）　　图 8—11 330kV 避雷器安装示意图（单位：mm）

避雷器应装设满足接地热稳定电流要求的接地极板或接地端子，并配有连接接地线用的接地螺栓，螺栓的直径不小于 8mm。

330kV 避雷器支架采用镀锌钢管杆，顶封板螺孔中心距离及螺孔大小同电气一次安装要求，采用 350mm×350mm 和 4×$\phi$24mm。

7. 500kV 交流无间隙金属氧化物避雷器安装要求

避雷器采用高位布置，安装在支架上，用螺栓与支架固定。500kV 避雷器安装底座螺孔中心距离及螺孔大小采用 350mm×350mm，4×$\phi$24mm。一次接线端子具体尺寸要求如图 8—12 所示。其安装示意图如图 8—13 所示。

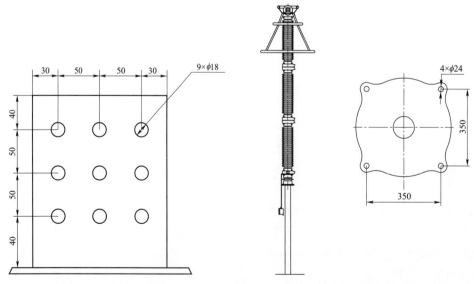

图 8—12 一次接线端子尺寸图（单位：mm）　　图 8—13 500kV 避雷器安装示意图（单位：mm）

避雷器应装设满足接地热稳定电流要求的接地极板或接地端子，并配有连接接地线用的接地螺栓，螺栓的直径不小于 8mm。

500kV 避雷器支架采用镀锌钢管杆，顶封板螺孔中心距离及螺孔大小同电气一次安装要求，采用 350mm×350mm 和 4×φ24mm。

8. 750kV 交流无间隙金属氧化物避雷器安装要求

避雷器采用高位布置，安装在支架上，用螺栓与支架固定。750kV 避雷器安装底座螺孔中心距离及螺孔大小采用 348mm×348mm，4×φ30mm。一次接线端子具体尺寸要求如图 8−14 所示。其安装示意图如图 8−15 所示。

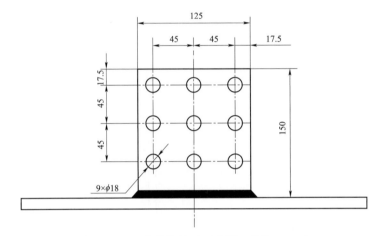

图 8−14　一次接线端子尺寸图（单位：mm）

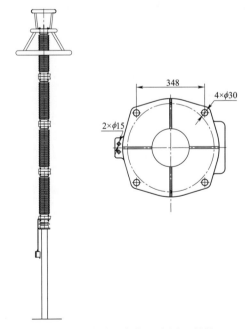

图 8−15　750kV 避雷器安装示意图（单位：mm）

避雷器应装设满足接地热稳定电流要求的接地极板或接地端子，并配有连接接地线用的接地螺栓，螺栓的直径不小于 8mm。

750kV 避雷器支架采用镀锌钢管杆，顶封板螺孔中心距离及螺孔大小同电气一次安装要求，采用 348mm×348mm 和 4×$\phi$30mm。

9. 72kV 避雷器安装要求

避雷器采用高位布置，安装在支架上，用螺栓与支架固定。72kV 避雷器安装底座螺孔中心距离及螺孔大小采用 270mm×270mm，4×$\phi$18mm。一次接线端子具体尺寸要求如图 8-16 所示。72kV 避雷器安装示意图如图 8-17 所示。

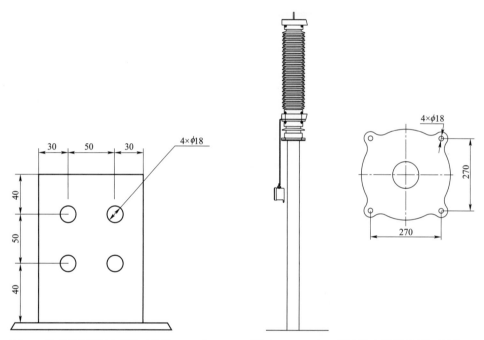

图 8-16　一次接线端子尺寸图（单位：mm）　　图 8-17　72kV 避雷器安装示意图（单位：mm）

避雷器应装设满足接地热稳定电流要求的接地极板或接地端子，并配有连接接地线用的接地螺栓，螺栓的直径不小于 8mm。

72kV 避雷器支架采用镀锌钢管杆或钢筋混凝土环形等径杆，顶封板螺孔中心距离及螺孔大小同电气一次安装要求，安装尺寸为 270mm×270mm 和 4×$\phi$18mm。

10. 750kV 高压电抗器中性点用避雷器安装要求

避雷器采用高位布置，安装在支架上，用螺栓与支架固定。750kV 避雷器一次接线端子具体尺寸要求如图 8-18 所示。安装底座螺孔中心距离及螺孔大小如图 8-19 所示。

避雷器应装设满足接地热稳定电流要求的接地极板或接地端子，并配有连接接地线用的接地螺栓，螺栓的直径不小于 8mm。

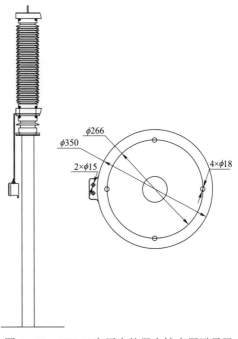

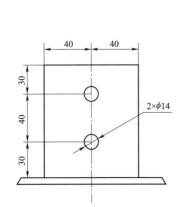

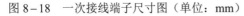

图 8-18　一次接线端子尺寸图（单位：mm）　　图 8-19　750kV 高压电抗器中性点用避雷器
　　　　　　　　　　　　　　　　　　　　　　　　　　　安装示意图（单位：mm）

　　750kV 高压电抗器中性点用避雷器支架采用镀锌钢管杆，支架顶板螺孔中心距离及大小同电气一次安装要求，采用 $\phi266$mm 圆周均布 $4\times\phi18$mm，每个支架应有两个接地点，接地点高度与其他设备支架一致，支架管径大小应根据具体工程按规范要求计算确定。

## 8.1.2　避雷器的交接试验

　　避雷器的交接试验应满足 GB 50150—2016《电气装置安装工程电气设备交接试验标准的要求》。

　　1. 避雷器的交接试验项目

　　金属氧化物避雷器的交接试验项目，应包括下列内容：

　　（1）测量金属氧化物避雷器及基座绝缘电阻。

　　（2）测量金属氧化物避雷器的工频参考电压和持续电流。

　　（3）测量金属氧化物避雷器直流参考电压和 0.75 倍直流参电压下的漏电流。

　　（4）检查放电计数器动作情况及监视电流表指示。

　　（5）工频放电电压试验。

　　无间隙金属氧化物避雷器的试验项目应包括本条第（1）、（2）、（3）、（4）款的内容，其中第（2）、（3）两款可选做一款。

　　有间隙金属氧化物避雷器的试验项目应包括本条第（1）、（5）款的内容。

2. 金属氧化物避雷器绝缘电阻测量

金属氧化物避雷器绝缘电阻测量应符合下列要求：

（1）35kV 以上电压：用 5000V 绝缘电阻表，绝缘电阻不小于 2500MΩ。

（2）35kV 及以下电压：用 2500V 绝缘电阻表，绝缘电阻不小于 1000MΩ。

（3）低压（1kV 以下）：用 500V 绝缘电阻表，绝缘电阻不小于 2MΩ。

（4）基座绝缘电阻不低于 5MΩ。

3. 测量金属氧化物避雷器的工频参考电压和持续电流

测量金属氧化物避雷器的工频参考电压和持续电流应符合下列要求：

（1）金属氧化物避雷器对应于工频参考电流下的工频参考电压，整只或元件进行的测试值，应符合现行国家标准 GB 11032—2020《交流无间金属氧化物避雷器》或厂商产品技术条件的规定。

（2）测量金属氧化物避雷器在避雷器持续运行电压下的持续电流，其阻性电流或总电流值应符合产品技术条件的规定。

4. 测量金属氧化物避雷器直流参考电压和 0.75 倍直流参考电压下漏电流

测量金属氧化物避雷器直流参考电压和 0.75 倍直流参考电压下漏电流，应符合下列规定：

（1）金属氧化物避雷器对应于直流参考电流下的直流参考电压，整只或分节进行的测试值，不应低于现行国家标准 GB 11032—2020《交流无间隙金属氧化物避雷器》的规定，并符合产品技术条件的规定。

实测值与制造厂出厂值比较，变化不应大于±5%。

（2）0.75 倍直流参考电压下的漏电流值不应大于 50μA，或符合产品技术条件的规定。

（3）试验时若整流回路中的波纹系数大于 1.5%时，应加装滤波电容器，可为 0.01～0.1μF，试验电压应在高压侧测量。

5. 检查放电计数器

检查放电计数器的动作应可靠，避雷器监视电流表指示应良好。

6. 工频放电电压试验

工频放电电压试验，应符合下列规定：

（1）工频放电电压应符合产品技术条件的规定。

（2）工频放电电压试验时，放电后应快速切除电源，切断电源时间不大于 0.5s，过电流保护动作电流控制在 0.2～0.7A。

## 8.2 金属氧化物避雷器在线监测

避雷器是保证电力系统安全运行的重要保护设备之一。在正常运行中的金属氧化物避雷器长期承受电网系统运行电压和冲击电压的作用，可能会造成非线性电阻片特性的逐渐劣化；同时由于因结构不良、密封不严造成避雷器内部结构和非线性电阻片受潮问题的出现。这些原因造成流过避雷器的漏电流增大，内部温度上升，MOA 由于过热而损坏，严重时可能引起避雷器的爆炸，引起电力事故。

电力设备的检修随着电压等级的提高和容量的增大，从最早的事故后检修到预防性检修，发展到现在的在线检修。进行定期预防性试验和采用带电在线监测，对于及时掌握氧化锌避雷器的实际运行状况具有非常重要的意义。

避雷器在线监测一般监测避雷器动作次数、全电流、阻性电流及温度，由于避雷器正常运行时，漏电流较小，漏电流的测量结果受到环境温度、湿度、相间干扰和系统中高次谐波的影响，所以还没有公认的快速经济的方法来有效判定避雷器运行质量状态。对比历史数据是目前通常采用的方法，但历史数据的可参照性或全面性不足，所以基于云计算的大数据管理是避雷器在线智能监测的未来方向。

### 8.2.1　避雷器持续电流

除了短时下释放浪涌电荷，限制过电压外，避雷器在持续电压下，还流过非常低的漏电流（全电流），几乎处于绝缘状态，流过的电流为毫安级和微安级。全电流由容性电流分量和阻性电流分量组成，容性分量较大，阻性分量较小，容性电流和阻性电流相差 $90°$ 的相位角。图 8-20 是避雷器在持续运行电压 $U_c$、额定电压 $U_r$ 和参考电压 $U_{ref}$ 下，总的泄漏电流或全电流 $I_t$、阻性电流 $I_r$ 和容性电流 $I_c$ 的关系，当阻性电流较大增长时，才能观察到整个全电流值的明显变化。

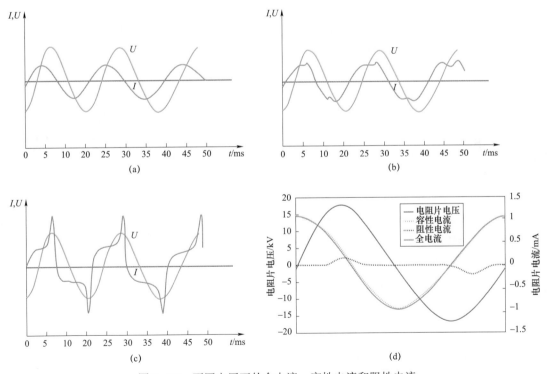

图 8-20　不同电压下的全电流、容性电流和阻性电流

（a）持续运行电压 $U_c$；（b）额定电压 $U_r$；（c）参考电压 $U_{ref}$；（d）持续运行电压 $U_c$

在避雷器接地端测得的容性电流是由金属氧化物电阻片的自身电容、杂散电容和均压电容共同作用所产生的，在正常运行条件下，容性电流是持续电流的主要分量，目前还没有证据证明，电阻片的劣化会导致容性电流发生变化，容性电流不能反映避雷器的运行质量状态。

在一定电压和温度下，避雷器的阻性电流与金属氧化物电阻片的伏安特性变化有关，阻性电流可作为监视避雷器运行中质量状态的特征量。

全电流对避雷器早期劣化不敏感，避雷器性能的早期劣化主要表现为阻性电流或功耗的增加，因此如何测量避雷器的阻性电流是目前在线监视避雷器运行质量状态的主要办法。监测分为在线测量和离线测量，在持续运行电压下进行在线测量是最常用的方法。离线测量是在现场或试验室进行测量的，使用试验专用高压电压源，例如移动交流或直流高压发生器，该方法的精度更高，但需要从系统中断开避雷器。在线测量通常是使用便携式或永久安装的仪器进行，便携式仪器通常用电流互感器或取样回路连接到避雷器的接地端进行测量。

停电检测直流参考电压和漏电流的变化是目前判断避雷器质量状态公认的方法，但测量结果，尤其是直流漏电流的测量结果，也受到现场接线、湿度和避雷器表面集污的影响，经常有判断失误的情况。

影响阻性电流测量准确性的因数较多。首先是避雷器结构高度，避雷器越高，受杂散电容和邻近设备的影响越大，其电压分布会偏离设计，可能产生额外的不均匀性。但在绝大多数情况下，对避雷器的运行状态不会产生不良影响，但会影响避雷器阻性电流的在线测量结果。阻性电流的测量结果与近接地端电阻片上的电压幅值和相位有关，因此，测得的阻性电流值可能与沿整只避雷器的阻性电流平均值不同。其次是持续电流中的谐波，当避雷器在正弦电压作用下，由于避雷器电阻片的非线性伏安特性会使持续电流中含有谐波，系统中谐波引起的容性谐波电流可能与避雷器产生的谐波电流的幅值处同一数量级，因此会影响持续电流谐波的测量结果。再次是外套表面漏电流的影响，当雨天或湿度较大时，避雷器外套的表面污秽会形成短暂的表面漏电流；最后是环境温度和热辐射的影响，由于电阻片小电流区伏安特性的负温度特性，环境温度越高，阻性电流越大，太阳或其他热辐射也会影响避雷器温度，从而使测量结果不能准确反映避雷器的运行质量状态。

全电流中的阻性电流分量或功耗可以用多种方法来测量，标准中分为 A、B、C 三大类，分别是直接测量阻性电流（A）、谐波分析法间接测量阻性分量（B）和直接法测量功耗（C）。每大类进一步分为不同的方法，具体可参考 IEC 60099-5：2018。

### 8.2.2　避雷器放电计数器和其他监测方法

放电计数器记录避雷器的动作次数，串联安装在避雷器低压端，当流过避雷器电流超过规定幅值（标准规定 50A）时动作而计数，可以是电磁式或数字式，如果两次电流的时间间隔极短，计数器不一定能正确动作。根据计数器的工作原理和灵敏度，它可以指示系统中出现的过电压次数，不能提供避雷器运行状态的具体信息。

监测火花间隙可显示通过避雷器电流的次数并估算电流幅值，解读间隙上的放电痕迹需要丰富的经验。有些火花间隙可以在避雷器运行时进行检查，有些需要避雷器停电后进行。火花间隙不能直接给出避雷器的实际状态，但可用于判断该避雷器是否可继续使用。典型的平板火花间隙电极如图 8-21 所示。

脱离器（见图 8-22）通常用于中压避雷器上，可将失效的避雷器与系统脱离并给出明显的标志。脱离器的工作原理是由故障电流触发爆炸装置动作使故障避雷器脱离系统，脱离器并不用于熄灭故障电流。脱离器可以是

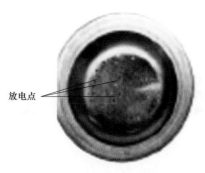

放电点

图 8-21　典型的平板火花间隙电极

避雷器或绝缘支架的组成部分，也可以是与避雷器串联安装的独立单元。该装置的优点是在避雷器脱离后，线路仍在运行，主要缺点是在故障避雷器被发现并更换之前，系统缺少过电压保护。

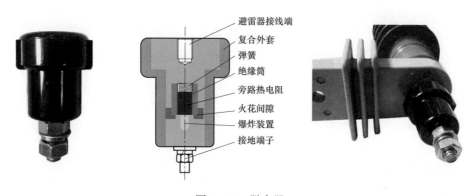

避雷器接线端
复合外套
弹簧
绝缘筒
旁路热电阻
火花间隙
爆炸装置
接地端子

图 8-22　脱离器

故障指示器动作后，会给出一个明显的标志，表明避雷器已经发生故障，但避雷器不脱离电网运行。

温度测量。利用热成像仪可以远距离测量运行中避雷器的温度。现在，越来越多的用户采用热成像技术和方法进行避雷器运行状态在线评估。该方法比较安装在附近，相近年份和类型的避雷器的温度来判定避雷器运行质量状态。如果相似避雷器之间的温差大于 10K，则可能是温度高的避雷器出了问题。在图 8-23 中，左侧避雷器温度达到 66℃，其余两只的温度为不到 40℃，判定左侧避雷器出现故障。这种方法受到避雷器表面状态差异、监测距离和太阳辐射差异等因数的影响。

直接测量金属氧化物电阻片的温度可以精确地指示避雷器的状态，但要求避雷器在制造时安装温度传感器。在多节避雷器时技术难度更大，同一单元（节）内电阻片温度也有明显差异，同时目前也没有低成本的解决办法，这种方法仅应用于特殊情况。

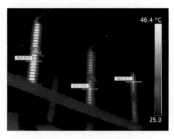

图 8-23　红外成像

### 8.2.3　避雷器智能监测

简单的分析几次测量结果很难准确地分析和判断避雷器的运行质量及状态，为了进行更深入地研究并进行可靠的判断，需要长期监测持续电流、避雷器运行环境参数，积累和分析历史数据，才能及时准确地发现避雷器状态变化。因此发展基于实时采样，通过无线通信技术，将数据上传云端，用大数据分析的方法对避雷器运行状态进行综合分析和判断，是实现避雷器智能监测的可行的方法和手段。

西安西电避雷器公司开发了相应的系统，该系统可实现漏电流、放电电流、动作次数、运行现场温度、湿度的自动采集和近距离无线抄表；避雷器相关运行参数通过相应传感器、无线网、公共网络（4G、5G 或 WiFi），上传云平台及用户端；开发相应管理软件，实现线路用避雷器运行状态的远程监测、分析和预警。

## 8.3　金属氧化物避雷器的维护

### 8.3.1　不停电维护项目及周期

避雷器不停电维护项目及周期见表 8-1。

表 8-1　　　　　　　　　　　　避雷器不停电维护项目及周期

| 序号 | 项目 | 要求 | 周期 |
|------|------|------|------|
| 1 | 金属部件检查 | 所有金属部件无锈蚀、发热变色现象 | 1 个月 |
| 2 | 接地扁铁 | 接地扁铁接地良好，无锈蚀 | 1 个月 |
| 3 | 避雷器外套检查 | 外套无明显污垢，无放电闪络痕迹，无明显损伤、裂纹 | 1 个月 |
| 4 | 运行声响检查 | 内部无放电声、其他噪声，现场无异常气味 | 1 个月 |
| 5 | 避雷器漏电流在线监测 | 检测漏电流是否有明显变化 | 半年 |

### 8.3.2　停电维护项目与周期

避雷器停电维护项目与周期见表 8-2。

表 8-2 避雷器停电维护项目与周期

| 序号 | 项目 | 要求 | 周期 |
|---|---|---|---|
| 1 | 外套检查 | （1）观察复合外套表面是否存在龟裂、粉化、蚀损，外观颜色变化情况<br>（2）采用喷水分级法（HC）检查硅橡胶伞套不同部位的憎水性<br>（3）检查复合外套不同部位的硬度变化情况<br>（4）若瓷外套，应检查无明显污垢，无放电闪络痕迹，无明显损伤和裂纹 | 1年，同个站每年抽检 |
| 2 | 避雷器螺母、均压环检查 | 检查避雷器螺母无松动迹象、均压环无开裂和松动迹象 | 1年，同个站每年抽检 |
| 3 | 避雷器直流参考电压检测 | 检测直流参考电压是否符合要求值 | 1年 |
| 4 | 避雷器漏电流检测 | 检测漏电流是否符合要求值 | 1年 |

### 8.3.3　维护及检修准备工作

1. 技术准备工作

（1）熟悉避雷器技术资料，准备好出厂试验报告和历来试验数据，明确有关技术要求及质量标准。

（2）掌握运行中所发现的缺陷和异常（事故）情况。

（3）查阅不停电维护中发现的产品问题。

（4）查阅试验记录，了解绝缘状况。

（5）进行停电维护及检修前的试验，确定附加检修项目。

（6）根据确定的检修项目制定检修计划和方案。

2. 工器具准备工作

（1）按照检修项目要求，检查检修中所需用到的工器具应完好正常，并运至检修现场。

（2）对避雷器进行停电维护及检修时，应选择在晴天，且空气湿度小于60%，并准备充足的施工电源及照明。

3. 人员准备工作

（1）组织全体工作人员进行技术交底，学习安全措施。

（2）明确各项目人员分工，落实到位，风险分析明晰。

（3）工作人员做好必要的防护措施，穿长袖工作服，必要时带防护手套和护目镜。

### 8.3.4　停电维护及预控措施

避雷器停电维护及预控措施见表 8-3。

表 8-3 避雷器停电维护及预控措施

| 防范类型 | 危险点 | 预控措施 |
|---|---|---|
| 人身触电 | 接、拆低压电源 | 检修电源应有漏电保护器；电动工具外壳应可靠接地 |
| | | （1）检修人员应在变电站运行人员指定的位置接入检修电源，禁止未经许可乱拉电源，禁止带电拖拽电源盘<br>（2）拆、接试验电源前应使用万用表测量，确无电压方可操作<br>（3）检修前应断开断路器操作电源及储能电机、加热器电源<br>（4）严禁带电拆、接操作回路电源接头<br>（5）拆、接操作回路电源接头应使用万用表测量，确无电压方可操作 |
| | 误碰带电设备 | （1）高空作业车进入高压设备区必须由具有特种作业资质的专业人员进行监护、指挥，按照指定路线行走<br>（2）工作前应划定高空作业车臂的活动范围及回转方向<br>（3）确保与带电体的安全距离 |
| 大型施工器材在施工现场的搬运 | 高空作业车在高压设备区行走时误触带电体 | （1）高空作业车在进入高压设备区前，工作负责人会同高空作业车司机踏查和确定吊车的行走路线，核对高空作业车与带电体的安全距离，明确带电部位、工作地点和安全注意事项<br>（2）高空作业车在高压设备区行走时，必须设专人监护和引导 |
| | 高空作业车在作业中误触带电体 | （1）工作前，工作负责人要向吊车司机讲明作业现场周围临近的带电部位，确定高空作业车臂的活动范围及回转方向<br>（2）高空作业车作业必须得到监护人的许可，并确保与带电体的安全距离 |
| 电动施工工器具的使用 | 低压交流触电 | （1）施工现场需配置装有触电保安器的配电箱<br>（2）电源线的敷设应防止电动工具外壳漏电、预控重物辗压和油污浸蚀<br>（3）严禁带电拆、接电源线<br>（4）使用接线插头接线，严禁裸接电源 |
| | 拉合低压开关时，被电弧灼伤 | （1）拉合低压开关时，应戴手套和护目眼镜<br>（2）严禁使用不合格的电缆线和开关 |
| 避雷器两端抱闸紧固检查、二次光纤槽盒开盖检查、金具检查、安装支架检查 | 紧固抱闸时碰伤 | 工作时应戴手套和正确选用工具 |
| | 高空坠落摔伤、打伤 | （1）高处作业人员必须使用安全带，穿防滑性能好的软底鞋<br>（2）现场作业人员必须戴好安全帽<br>（3）高空作业车使用前，需按规定进行检查<br>（4）高处作业人员必须使用工具袋 |
| | 感应电压击伤，引发其他伤害 | （1）作业人员必须戴手套，系好安全带<br>（2）在有感应电压的场所工作时，应在工作地点加设临时接地线 |
| 检修前后的绝缘试验 | （1）误触试验设备造成触电<br>（2）设备试验后的残余电荷伤人，引发其他伤害 | （1）清除与试验工作无关的人员<br>（2）被试设备周围装临时遮栏或设专人看守<br>（3）试验项目完成后，立即将被试设备对地放电 |

# 8.4 金属氧化物避雷器的故障分析及处理

当避雷器内部结构已经恶化到临界点时，已无法再承受施加在其端子上的正常系统电压、暂时工频过电压、操作过电压或雷电过电压，被击穿而短路，发生短路故障。如何分析和预防避雷器的短路故障是用户和制造厂商共同关注的问题，本节简述其常见故障原因和预防方法。

### 8.4.1　避雷器故障原因

多年来对故障避雷器进行统计、分析和研究，结果表明内部受潮、冲击损坏、污秽损坏、使用不当是避雷器失效的主要原因，如图 8-24 所示。

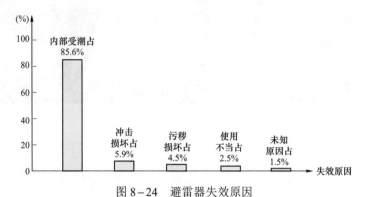

图 8-24　避雷器失效原因

避雷器正常使用时的失效模型如图 8-25 所示。

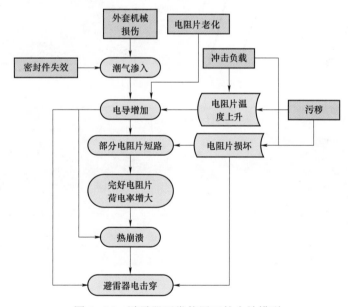

图 8-25　避雷器正常使用下的失效模型

避雷器内部受潮是避雷器故障或失效的主要原因，由于在设计或制造中没有控制好质量而使密封失效，也有可能是外部力量破坏了避雷器的密封系统，如瓷套或复合外套损坏。避雷器内部受潮引起电阻片和绝缘材料的电导率增加，进一步发展成局部短路，局部短路使未短路的电阻片温度升高，最终发展为避雷器热崩溃和整个避雷器的短路击穿。图 8-26 是电阻片受潮的情况。

对于复合外套避雷器，外套的破坏或老化会使密封系统受到破坏，图 8-27 是鸟对复合绝缘子外套的破坏。复合外套的老化开裂，如图 8-28 所示。

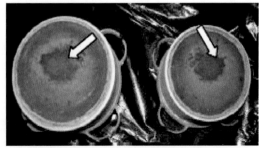

图 8-26  电阻片受潮

图 8-27  鸟对复合外套的破坏

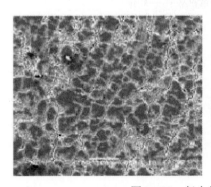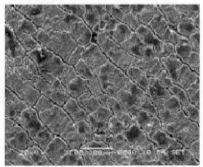

图 8-28  复合外套的老化开裂

电阻片因在持续电压长期作用和冲击负荷下，其伏安特性可能会劣化，电阻片劣化使电阻片的参考电压降低和漏电流增大，也就是电导率增加，逐渐演化为热崩溃和击穿。在 20 世纪 90 年代前，这种情况时有发生。经过 30 年制造技术的显著改进，某些厂家生产的电阻片，在给定电压下，功率损耗会随着时间的增加而减小，这意味着随着时间的推移，它们的热稳定性会越来越好，而不是越来越差。因此，对于这些厂家生产的避雷器，由于电阻片的老化而导致的避雷器失效已是不可能的了。

如前所述,当有过电压时,电阻片吸收能量后温度升高,当能量超过避雷器的散热能力或电阻片耐受能力时,会引起避雷器失去热平衡而热崩溃;也可能电阻片受到不可逆的破坏,被局部击穿或开裂,如图 8-29 所示。如果未损坏的电阻片能支撑正常工作电压,避雷器不会被马上击穿,但迟早会导致避雷器的完全失效。

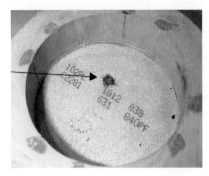 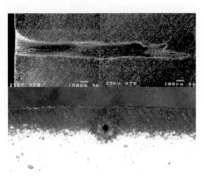

图 8-29　电阻片被击穿

避雷器外套的污秽会引起电阻片的温度升高和产生径向局部放电,局部放电会损坏电阻片和绝缘材料,图 8-30 是径向放电的演示和电阻片被损坏的情况。这种情况的进一步发展也会引起避雷器的击穿。

 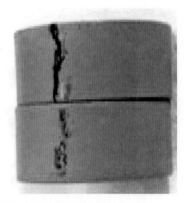

图 8-30　径向放电的演示和电阻片被损坏情况

在正常工作条件,避雷器在最大持续工作电压(MCOV)下,电阻片的温度升到略高于环境温度而达到热平衡,此时电阻片产生的热量与避雷器散发到周围空气中的热量平衡。如果加在避雷器上的工频过电压超过其耐受能力,产生的热量将大于所能散失的热量而热崩溃。避雷器选型不当或安装处出现了未考虑到的过高的工频过电压,就会发生这种情况。

### 8.4.2　避雷器故障判断及处理

目前对于避雷器的运行状态进行早期判断或预警比较困难。如何在线评估避雷器的运行状态,重要的是要积累数据,观察数据变化趋势,如阻性电流增加的趋势、温度变化的趋势。避雷器制造厂商和用户依据产品特性或运行经验都会提供退出运行的判据,但最终确定是否退出运行，一般都采用停电后加以检测的办法，多采用检测直流参考电压和漏电流的方法。

DL/T 596—2005 和 Q/CSG 10007—2004《电力设备预防性试验规程》中，规定了金属氧化物避雷器的试验项目、周期和要求，停电检测是预防性试验的主要手段，见表 8-4。

表 8-4　　　　　　　　　　金属氧化物避雷器的试验项目、周期和要求

| 序号 | 试验项目 | 周期 | 要求 | 说明 |
|---|---|---|---|---|
| 1 | 绝缘电阻 | （1）发电厂、变电站避雷器，每年雷雨季节前<br>（2）必要时 | （1）35kV 以上，不低于 2500MΩ<br>（2）35kV 及以下，不低于 1000MΩ | 采用 2500V 及以上绝缘电阻表 |
| 2 | 直流 1mA 电压 $U_{1mA}$ 及 $0.75U_{1mA}$ 下的漏电流 | （1）发电厂、变电站避雷器，每年雷雨季前<br>（2）必要时 | （1）不得低于 GB 11032—2020《交流无间隙金属氧化物避雷器》规定值<br>（2）$U_{1mA}$ 实测值与初始值或制造厂规定值比较，变化不应大于 ±5%<br>（3）$0.75U_{1mA}$ 下的漏电流不应大于 50μA | （1）要记录试验时的环境温度和相对湿度<br>（2）测量电流的导线应使用屏蔽线<br>（3）初始值系指交接试验或投产试验时的测量值 |
| 3 | 运行电压下的交流漏电流 | （1）新投运的 110kV 及以上者投运 3 个月后测量 1 次；以后每半年 1 次；运行 1 年后，每年雷雨季节前 1 次<br>（2）必要时 | 测量运行电压下的全电流、阻性电流或功率损耗，测量值与初始值比较，有明显变化时应加强监测，当阻性电流增加 1 倍时，应停电检查 | 应记录测量时的环境温度、相对湿度和运行电压。测量宜在瓷套表面干燥时进行。应注意相间干扰的影响 |
| 4 | 工频参考电流下的工频参考电压 | 必要时 | 应符合 GB/T 11032—2020《交流无间隙金属氧化物避雷器》或制造厂规定<br>（1）测量环境温度（20±15）℃<br>（2）测量应每节单独进行，整相避雷器有一节不合格，应更换该节避雷器（或整相更换），使该相避雷器为合格 | |
| 5 | 底座绝缘电阻 | （1）发电厂、变电站避雷器，每年雷雨季前<br>（2）必要时 | 自行规定 | 采用 2500V 及以上绝缘电阻表 |
| 6 | 检查放电计数器动作情况 | （1）发电厂、变电站避雷器，每年雷雨季前<br>（2）必要时 | 测试 3～5 次，均应正常动作，测试后计数器指示应调到"0" | |

在线监测避雷器的漏电流是避雷器在线监测的主要手段，其中更有价值的是测量避雷器漏电流中的阻性分量，前面的 8.2 小节中谈到了测量的影响因数和不确定性，避雷器使用导则中也列举了测量方法。在线监测避雷器可以直接且容易地测量全电流，但是很难精确分离出阻性分量。

在线准确测量避雷器的功率损耗也不容易，它需要对施加在避雷器上的电压和避雷器电流分别进行测量，然后将这些量相乘并随时间积分。为了准确地确定功率损耗，在电压和电流测量中必须没有相角误差，换句话说，所取电压信号必须与容性电流分量恰好是 90° 相位差。很小的相位误差也会导致较大的功耗误差。此外，精确测量电压需要昂贵的设备，如高

压分压器或电压互感器，因此，在正常工作电压下测量避雷器的功率损耗只能在高压实验室或制造工厂中进行。

在避雷器受潮、电阻片部分损坏或电阻片老化等的情况下，功耗会增加，导致温度升高。避雷器内部电阻片产生的热量通过传导、辐射或对流向外部消散，温升目前还不能直接测量，大多数采用间接测量，用得最多的是红外热像仪和红外温度仪。当电阻片产生了足够高的热量，外套外表面温度会升高到高于环境温度，可采用红外成像仪或红外测温仪器，对外套温度进行测量。在不了解避雷器外套的热特性的情况下，很难将外壳外部测量到的温度转换成内部电阻片的温度。

这种非接触式的测量方法可以在安全的距离外快速完成测量工作，已被越来越多的用户和厂家采用，但这项技术也存在一些问题。首先，在同样的温度下，避雷器外套积污情况会对测量结果有影响，因为光滑面和积污面的发射率有差别，虽然两种情况下的实际温度相同，但红外测温记录的显示温度可能会不同；其次，避雷器附近太阳的反射、辐射也会产生影响；再次，这种方法也不能完全区分污秽电流引起的外套表面发热和本体发热；还有，不同类型的避雷器的设计和结构有所不同，如果避雷器的某个区域比其他区域温度高一些，并不一定意味着存在问题，特别是在高压、多元件避雷器上，接近顶部的温度很可能比下部要高；最后，热成像测定的是测定时刻的温度，如果与其他相同类型临近安装的避雷器相比，温度差异明显，则好判断；如果差异不大，就需要长期测量才能判断。表 8-5 是国外热成像测量及其处理措施，表中的温差是指被测避雷器与临近安装相同类型的其他避雷器的温差。

**表 8-5　　　　　　　　　　　国外热成像温差测量及其处理措施**

| 温差 | 测量确认 | 处理措施 |
|---|---|---|
| 高 1~2K | 需在日出或日落后 2~3h 后测量 | 重复测量 2~4 月，确认变化趋势后，更换避雷器 |
| 高 2~5K | 可在白天多次测量 | 测量 2~4 周，确认趋势后更换 |
| 高 6~10K | 可在白天多次测量 | 1~2 周内更换 |
| 高 11~20K | 可在白天多次测量 | 尽快更换 |
| 高>20K | 可在白天多次测量 | 停电立即更换 |

国内处理的原则通常与表 8-5 中的处理方式有较大差异，在 DL/T 664—2016《带电设备红外诊断规范》中，将避雷器的发热定义为电压致热，宜纳入严重和紧急缺陷，并在附录 J 中指出，避雷器的温差在 0.5~1K 时，需进行停电测量交流或直流参数，复合外套避雷器的温差会更低（标准中的温差是指"不同被测设备表面或同一被测设备不同部位表面温度之差"）。

综上所述，简单的分析几次测量结果很难准确地分析和判断避雷器的运行质量及状态，也没有公认的快速经济的方法，对比和积累历史数据是目前通常采用的方法，居于云计算的大数据管理是避雷器在线自动检测的未来方向。

## 8.5　避雷器的运输与贮存

避雷器为易碎、易损物品，运输、转运时应当注意安全运输，GIS 和特高压避雷器产品在运输全过程可加装三轴冲撞记录仪。

公路运输时要根据运输车辆与产品特点，对线路踏勘后确定。需对该路线运输过程中可能出现的各种情况做提前预估，对道路路况、限高、转弯半径、桥梁承重等多种因素进行考虑，可确保路线选择可靠。一般情况下，汽车运输避雷器，在三级公路上时速不得超过 30km/h，刹车时加速度一般不超过 10g；在高速公路上行驶，时速不超过 80km/h，刹车时加速度一般不超过 5g。

避雷器在装箱、开箱、运输、贮存和安装过程中，都必须"正置立放"，不得倒放、斜放或倒运。注意要避免避雷器受到冲击和碰撞，特别不能损坏主体元件两端的压力释放装置。如果发现倒置或碰撞情况，应仔细检查，确认避雷器内部结构无损坏时，才可安装使用。若有损坏，则应立即更换。

避雷器在安装使用前，应存放在清洁、干燥的室内，不得受到腐蚀性气体或液体的腐蚀。

如果避雷器内充有气体，未得到生产厂家的允许，用户不得随意拆卸本体，以免破坏密封，使内部受潮损坏。

# 参　考　文　献

［1］李祥超，等. 电涌保护器（SPD）原理与应用［M］. 北京：气象出版社，2010.

［2］M.Gumede. Surge Arrester Faults and Their Causes at EThekwini Electricity. International Journal of Electrical Energy，2004，2（1）.

［3］Krystian Leonard Chrzan. Influence of moisture and partial discharges on the degradation of high-voltage surge arresters Euro.Trans.Electr. Power，2004，14：175－184.

［4］李谦，肖磊石. 过电压保护与接地装置运行维护［M］. 北京：中国电力出版社，2014.

［5］何金良. 金属氧化物压敏电阻［M］. 北京：清华大学出版社，2019.

［6］陈秀娟，等. 特高压开关型可控避雷器的参数选择和样机研制［J］. 电网技术，2018（6）.

［7］Krystian Leonard Chrzan. Influence of moisture and partial discharges on the degradation of high-voltage surge arresters. Euro. Trans. Electr. Power 2004，14：175－184.

［8］Lei Gao，Xiao Yang，Jun Hu，Jinliang He. ZnO micro-varistors doped polymer composites with electrical field dependent nonlinear conductive and dielectric characteristics. Materials Letters，2016，171，1－4.

# 索　引